数学建模方法及应用研究

马蓓蓓　王万禹　著

吉林科学技术出版社

图书在版编目（CIP）数据

数学建模方法及应用研究 / 马蓓蓓，王万禹著. -- 长春：吉林科学技术出版社，2022.8
ISBN 978-7-5578-9690-4

Ⅰ. ①数… Ⅱ. ①马… ②王… Ⅲ. ①数学模型-研究 Ⅳ. ①O141.4

中国版本图书馆CIP数据核字(2022)第177797号

数学建模方法及应用研究

著　马蓓蓓　王万禹
出版人　宛　霞
责任编辑　蒋雪梅
封面设计　优盛文化
制　　版　优盛文化
幅面尺寸　170mm×240mm　1/16
字　　数　230千字
页　　数　217
印　　张　13.75
印　　数　1-1500册
版　　次　2022年8月第1版
印　　次　2023年3月第1次印刷

出　　版　吉林科学技术出版社
发　　行　吉林科学技术出版社
地　　址　长春市福祉大路5788号
邮　　编　130118
发行部电话/传真　0431-81629529　81629530　81629531
　　　　　　　　　81629532　81629533　81629534
储运部电话　0431-86059116
编辑部电话　0431-81629518
印　　刷　三河市嵩川印刷有限公司

书　　号　ISBN 978-7-5578-9690-4
定　　价　100.00元

前言
preface

提到数学，人们第一时间想到的是它的抽象、严密与精准，以及很严谨的推理与证明，同时数学有其广泛的应用。数学的重大发现除了一些有关数学的问题与创新之外，还有很多是为了实际的应用而产生的。尽管其中一些成果在当时没有直接转化为生产力，但间接对科技的进步与发展产生了巨大的影响，体现着巨大的应用价值。随着社会的进步与发展，数学越来越广泛地应用于众多科学与社会领域，尤其在计算机方面有飞速的发展与应用。我们已经不能按照传统模式进行数学教育，而要将数学教学理论与实践相结合。学生也要借助计算机，尝试应用数学，以便今后能够更好、更快地适应社会的要求。

数学建模课程是全国普通高等院校数学与应用数学专业必修的专业基础课，这门课程不仅要求学生掌握基本的概念、理论与方法，还需要提高学生应用数学的能力。我国每年都要举办全国大学生数学建模竞赛，主要为了考查大学生运用数学、计算机知识解决一些专业性问题的水平与能力。这就要求学生在平时学习的时候将理论知识与实际应用相结合，这样才能真正掌握数学建模这门课程，使这门课程的意义发挥到极致。

《数学建模方法及应用研究》属于数学建模方向的教材，由马蓓蓓和王万禹共同撰写，其中马蓓蓓负责第一章至第四章的撰写工作，共计约 12.7 万字，第五章至第八章由王万禹负责撰写，共计约 11 万字。本书由数学建模概述、微分方程方法、差分方程方法、优化建模方法、数据分析方法、回归分析方法、插值与拟合、预测与决策分析方法等内容组成，立足初等数学基础，兼顾高等数学知识的过渡和有效拓展，深入探讨典型数学模型的基本原理、建模思想与建模流程，并结合实际案例进行进一步分析，兼具理论性与实用性，可供数学建模应用研究者及感兴趣者阅读使用。

目录
contents

第一章　数学建模概述

第一节　数学建模的概念及意义

数学模型分析是数学自身发展的一个重要动力，也是数学与生活实际结合的重要衔接点，应用十分广泛。数学模型分析的发展与数学的发展互为补充、互相促进。数学已渗透到从自然科学技术到工农业生产建设，从经济活动到社会生活的各个领域，尤其是经济数学模型分析已经在分析经济现象、预测和控制经济活动等方面广泛应用。在中国经济蓬勃发展的今天，结合中国实际的数学模型分析显得十分重要。

一、数学模型与数学建模

简单地说，数学模型就是对实际问题的一种数学表述。更确切地说，数学模型就是对于一个特定的对象，为了一个特定目标，根据特有的内在规律，做出一些必要的简化假设，运用适当的数学工具，得到的一个数学结构。数学结构可以是数学公式、算法、表格、图示等。数学建模就是建立数学模型，建立数学模型的过程就是数学建模的过程。数学建模是一种数学思考方法，是运用数学的语言和方法，通过抽象、简化建立能近似刻画并“解决”实际问题的一种强有力的数学手段。

数学模型一般是实际事物的一种数学简化。它常常是以某种意义上接近实际事物的抽象形式存在，但它和真实的事物有着本质的区别。要描述一个实际现象可以有很多种方式，如录音、录像、比喻、语言等。为了使描述更具科学性、逻辑性、客观性和可重复性，人们采用一种被普遍认为比较严格的语言来描述各种现象，这种语言就是数学。使用数学语言描述的事物就称为数学模型。有时候我们需要做一些实验，这些实验往往用抽象出来了的数学模型作为实际物体的代替而进行相应的实验，实验本身也是实际操作的一种理论替代。

例如，现要用 100 cm × 50 cm 的板料裁剪出规格分别为 40 cm × 40 cm 与 50 cm × 20 cm 的零件，前者需要 25 件，后者需要 30 件。问如何裁剪才能最省料？

解　先设计三个裁剪方案（如图 1-1 所示）。

记 A——40 × 40，B——50 × 20。

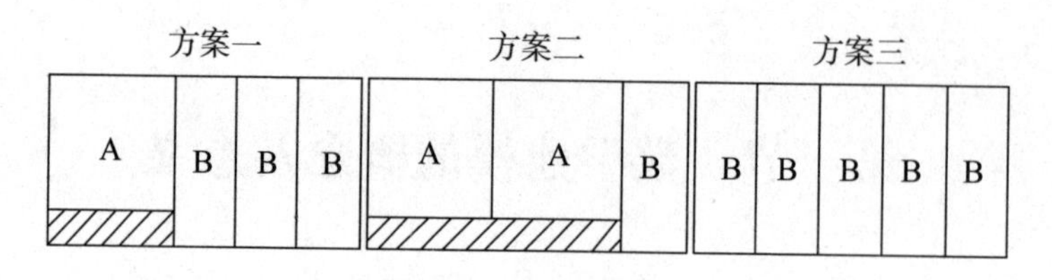

图 1-1　剪裁方案

显然，若只用其中一个方案，都不是最省料的方法。最佳方法应是三个方案的优化组合。设方案 i 使用原材料 x_i 件（i=1，2，3），共用原材料 f 件。则根据题意，可用如下数学公式表示：

$$\min f = x_1 + x_2 + x_3 \tag{1-1}$$

$$\begin{cases} x_1 + 2x_2 \geqslant 25 \\ 3x_1 + x_2 + 5x_3 \geqslant 30 \\ x_j \geqslant 0,\ (j = 1,\ 2,\ 3) \end{cases} \tag{1-2}$$

最优解为 $x_1 = 1,\ x_2 = 12,\ x_3 = 3,\ \min f = 16$。

二、从现实对象到数学模型

早在学习初等代数的时候我们就已经碰到过数学模型了，如中学解过的“航海问题”：甲乙两地相距 750 km，船从甲到乙顺水航行需 30 h，从乙到甲逆水航行需 50 h，问船速、水速各为多少？

用 x，y 分别代表船速和水速，可以得到方程：

$$(x + y) \cdot 30 = 750,\quad (x - y) \cdot 50 = 750 \tag{1-3}$$

事实上这组方程就是上述航行问题的数学模型，列出方程，原问题就已转化为纯粹的数学问题。方程的解 x=20 km/h，y=5 km/h，最终给出了航行问题的答案。

当然，真正的实际问题的数学模型通常要复杂得多，但是建立数学模型的基本内容已经包含在解这个代数应用题的过程中了，那就是根据建立数学模型的目的和问题的背景作出简单的假设（航行中设船速和水速为常数）；用字母表示待求的未知量（x，y 分别代表船速和水速）；利用相应的物理或其他规律（匀速运动的距离等于速度乘以时间），列出数学公式（二元一次方程组）；求出数学上的解（x=20 km/h，y=5 km/h）。最后还要用实际现象来验证上述结果。

一般地，数学模型可以描述为，对于现实世界的一个特定对象，为了一个特定目的，根据特有的内在规律，做出一些必要的简单假设，运用适当的数学工具，得到一个数学结构。简言之，数学模型是用数学术语对部分现实世界的描述。

数学建模就是构造数学模型的过程，即用数学的语言，即公式、符号、图表等刻画和描述一个实际问题，然后经过数学的处理，即计算、迭代等得到定量的结果，以供人们分析、预报、决策和控制。

在对实际问题建立数学模型时，需要解决的问题往往涉及众多因素，这就需要分清问题的主要因素和次要因素，恰当地抛弃次要因素，提出合理的假设，建立相应的数学模型，并用相应的数学方法（或现有软件）求解模型，然后将所有的问题和实际问题作比较，找出存在的差距和原因，对问题作进一步分析，提出新的假设，逐步修改完善模型，使问题得到更好的解决。上述数学建模过程可用图 1–2 所示的流程图表述。

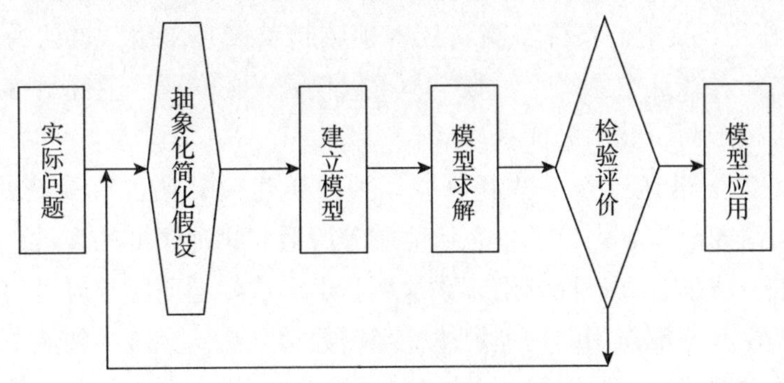

图 1–2　数学建模流程图

三、数学建模的意义

数学作为一门研究现实世界数量关系和空间形式的科学，在它产生和发展的历史长河中，一直和人们生活的实际需要密切相关。作为用数学方法解决实际问题的第一步，数学建模自然有着与数学同样悠久的历史。两千多年以前创立的欧几里得几何、17 世纪发现的牛顿万有引力定律，都是科学发展史上数学建模的成功范例。

进入 21 世纪以来，数学以空前的广度和深度向各个领域渗透，加之电子计算机的出现与飞速发展，数学建模越来越受到人们的重视，可以从以下几方面来看数学建模在现实世界中的重要意义。

首先，在一般工程技术领域，数学建模仍然大有用武之地。

其次，在以声、光、热、力、电这些物理学科为基础的机械、电机、土木、水利等工程技术领域中，数学建模的普遍性和重要性不言而喻，虽然其中很多基本模型是已有的，但是由于新技术、新工艺不断涌现，提出了许多需要用数学方法解决的新问题；高速大型计算机的飞速发展，使得过去即便有了数学模型也无法求解的问题（如大型水坝的应力计算、中长期天气预报等）迎刃而解；建立在数学模型和计算机模拟基础上的CAD技术，以其快速、经济、方便等优势，大量地替代了传统工程设计中的现场实验、物理模拟等手段。

再次，在高新技术领域，数学建模几乎是必不可少的工具，无论是发展通信、航天、微电子、自动化等高新技术本身，还是将高新技术用于传统工业去创造新工艺、开发新产品，计算机技术支持下的建模和模拟都是经常使用的有效手段。数学建模、数值计算和计算机图形学等相结合形成的计算机软件，已经被固化于产品中，在许多高新技术领域起着核心作用，被认为是高新技术的特征之一。在这个意义上，数学不再仅仅是一门科学，它是许多技术的基础，而且直接走向了技术的前台。

最后，数学迅速进入一些新领域，为数学建模开拓了许多新的处女地。随着数学向诸如经济、人口、生态、地质等所谓非物理领域的渗透，一些交叉学科如计量经济学、人口控制论、数学生态学、数学地质学等应运而生。一般地说，不存在起支配作用的物理定律，当用数学方法研究这些领域中的定量关系时，数学建模就成为首要的、关键的步骤和这些学科发展与应用的基础。在这些领域里建立不同类型、不同方法、不同深浅程度模型的余地相当大，为数学建模提供了广阔的新天地。马克思说过，一门科学只有成功地运用数学时，才算达到了完善的地步。展望21世纪，数学必将大踏步地进入更多学科，数学建模将迎来蓬勃发展的新时期。

第二节　数学建模的特点及分类

一、数学建模的特点

数学建模是一个实践性很强的学科，它具有以下特点：

第一，涉及广泛的应用领域，如物理学、力学、工程学、生物学、医学、经济学、军事学、体育运动学等。而不少完全不同的实际问题，在一定的简化层次下，它们的模型是相同或相似的。这就要求我们培养广泛的兴趣、拓宽知识面，从而发展联想能力，通过对各种问题进行分析、研究、比较，逐步达到触类旁通。

第二，需要灵活运用各种数学知识。在数学建模过程中，数学始终是我们的主要工具。要根据实际问题的需要，灵活运用各种数学知识，如微分方程、运筹学、概率统计、图论、层次分析、变分析法等，去描述和解决实际问题。这要求我们一方面要加深数学知识的学习，另一方面，更重要的是培养应用已学到的数学方法和思想进行综合应用和分析，进行合理的抽象及简化的能力。

第三，需要各种技术手段的配合，如查阅各种文献资料、使用计算机和各种数学软件包等。

第四，建立一个数学模型与求解一道数学题目有极大的差别。求解数学题目往往有唯一正确的答案，而数学建模没有唯一正确的答案，对同一个实际问题可能要建立起若干不同的模型。模型无所谓对与错，评价模型优劣的唯一标准是实践。

二、数学建模的分类

数学模型可以按照不同的方式分类，下面介绍常用的几种。

第一，按照模型的应用领域（或所属学科）划分。如人口模型、交通模型、环境模型、生态模型、城镇规划模型、水资源模型、再生资源利用模型、污染模型等。范畴更大一些则涉及许多边缘学科，如生物数学、医学数学、地质数学、数量经济学、数学社会学等。

第二，按照建立模型的数学方法（或所属数学分支）划分。如初等数学模型、几何模型、微分方程模型、图论模型、马氏链模型、规划论模型等。

按第一种方法分类的数学模型教科书中，着重于某一专门领域中用不同方法建立模型，而按第二种方法分类的书里，是用属于不同领域的现成的数学模型来解释某种数学技巧的应用。

第三，按照模型的表现特性又有几种分法：

一是确定性模型和随机性模型，其取决于是否考虑随机因素的影响。近年来随着数学的发展，又有所谓突变性模型和模糊性模型。

二是静态模型和动态模型，其取决于是否考虑时间因素引起的变化。

三是线性模型和非线性模型，其取决于模型的基本关系，如微分方程是否是线性的。

四是离散模型和连续模型，其指模型中的变量（主要是时间变量）为离散的还是连续的。

虽然从本质上讲大多数实际问题是随机性的、动态的、非线性的，但是由于确定性、静态、线性模型容易处理，并且往往可以作为初步的近似来解决问题，所以建模时常先考虑确定性、静态、线性模型。连续模型便于利用微积分方法求解、做理论分析，而离散模型便于在计算机上做数值计算，所以用哪种模型要看具体问题。在具体的建模过程中将连续模型离散化，或将离散变量视作连续变量，也是常采用的方法。

第四，按照建模目的划分，有描述模型、分析模型、预报模型、优化模型、决策模型、控制模型等。

第五，按照对模型结构的了解程度划分，有所谓的白箱模型、灰箱模型、黑箱模型。这是把研究对象比喻成一只箱子里的机关，要通过建模来揭示它的奥妙。白箱模型指那些内部规律比较清楚的模型，如力学、热学、电学以及相关的工程技术问题；灰箱模型指那些内部规律尚不十分清楚，在建立和改善模型方面都还不同程度地有许多工作要做的模型，如气象学、生态学经济学等领域的模型；黑箱模型针对一些其内部规律还很少为人们所知的现象，如生命科学、社会科学等方面的问题，考虑其因素众多、关系复杂，也可简化为灰箱模型来研究。当然，白箱模型、灰箱模型、黑箱模型之间并没有明显的界限，而且随着科学技术的发展，箱子的“颜色”必然是逐渐由暗变亮的。

第三节　数学建模的基本步骤

数学建模的过程并非高深莫测，事实上我们在初等数学中就有所接触。例如，数学课程中在解应用题时列出的数学式子就是简单的数学模型，而列数学式子的过程就是在进行简单的数学建模。下面用一道应用题求解过程来说明数学建模的步骤。

例 可口可乐、雪碧、健力宝等销量极高的饮料罐（易拉罐）顶盖的直径和从顶盖到底部的高之比为多少？它们的形状为什么是这样的？

首先，把饮料罐假设为正圆柱体。在这种简化下，就可以来明确变量和参数了，如可以引入变量：

V—— 罐装饮料的体积；

r——底面半径；

h——圆柱高；

b——制罐材料的厚度；

k—— 制造中工艺上必须要求的折边长度。

上面的诸多因素中，我们先不考虑 k 这个因素，于是有

$$V=\pi r^2h \tag{1-4}$$

由于易拉罐上底的强度必须要大一点，因而在制造上其厚度为罐其他部分厚度的 3 倍，因而制罐用材的总面积为

$$A=3\pi r^2b+\pi r^2b+2\pi rhb=\left(4\pi r^2+2\pi rh\right)b \tag{1-5}$$

每罐饮料的体积是一样的，因而 V 可以看成一个常数（参数），则

$$h=\frac{V}{\pi r^2} \tag{1-6}$$

代入 A 得

$$A=A(r)=2\pi b\left(2r^2+\frac{V}{\pi r}\right) \tag{1-7}$$

从而知道，用材最省的问题是求半径 r 使 $A(r)$ 达到最小，因此 $A(r)$ 的表达式就是一个数学模型。可以用多种精确或近似方法求 $A(r)$ 的极小值及相应的 r，如用微积分的办法易得

$$\frac{\mathrm{d}A}{\mathrm{d}r}=2\pi b\left(4r-\frac{V}{\pi r^2}\right)\frac{\mathrm{d}A}{\mathrm{d}r}=0,\ 得r=\sqrt[3]{\frac{V}{4\pi}} \tag{1-8}$$

从而求得

$$h=\frac{V^3}{\pi}\sqrt{\left(\frac{4\pi}{V}\right)^2}=\sqrt[3]{\frac{(4\pi)^2V^3}{\pi^3V^2}}=4\sqrt[3]{\frac{V}{4\pi}}=4r \tag{1-9}$$

即罐高 h 应为半径 r 的 4 倍。我们拿起可口可乐、百事可乐、健力宝等饮料罐测量时，发现罐高 h 和半径 r 的比几乎与上述计算完全一致。其实这一点

也不奇怪，这些大饮料公司年生产的罐装饮料都高达几百万罐，甚至更多，因而从降低成本和获取利润的角度，这些大公司的设计部门一定会考虑在同样工艺条件、保证质量前提下用材最省的问题。大家还可以把折边 h 这一因素考虑进去，然后得到相应的数学模型并求解，最后看看与实际符合的程度如何。

这个问题的解答可以让我们得到很多启发，我们会发现现实生活中有许多类似的问题。例如，当你到民航售票处去买国际机票时，在机票上会看到像“免费交运的行李为两件，每件最大体积（三边之和）不得超过 62 in（158 cm），但两件之和不得超过 107 in（273 cm），每件重量不得超过 32 千克”的说明。试计算一下三边之和为 158 cm 的长方体（我们通常用的箱子、装货的纸箱都是这种形状的），要使之体积最大，长、宽、高应是多少？再到市场上去调查一下有多少箱子是这样的，为什么？在马路上见到的油罐车上的油罐为什么不是正圆柱形而是椭圆圆柱形？体积一定、用材最少的油罐的尺寸应是什么？这些问题都会激起我们的思考和应用数学的兴趣。

根据本例可以得出简单的数学建模步骤：

第一步，根据问题的背景和建模的目的作出假设。

第二步，用字母表示已知量和要求的未知量。

第三步，根据已知的常识列出数学式子或图形。

第四步，求出数学式子的解。

第五步，验证所得结果的正确性。

一个实际问题往往是很复杂的，而影响它的因素也很多。如果想把它的全部影响因素（或特性）都反映到模型中来，这样的模型很难甚至无法建立，即使能建立也很难进行数学处理和计算。但仅考虑易于数学处理，当然模型越简单越好，不过这样做又难以反映系统的有关主要特性。通常所建立的模型往往是这两种互相矛盾要求的折中处理。建模是一种十分复杂的创造性劳动，现实世界中的事物形形色色、五花八门，不可能用一些条条框框规定出各种模型如何建立，所以数学建模没有固定的模式。按照建模过程，一般采用以下基本步骤：

（1）问题分析。由于数学建模是建立数学与实际现象之间的桥梁，因此首要的工作是设法用数学的语言表述实际现象。所谓问题表述，是指把实际现象尽量地使用贴近数学的语言进行重新描述，因此要充分了解问题的实际背景，明确建模的目的，尽可能弄清对象的特征，并为此搜集必需的各种信息或数据。要善于捕捉对象特征中隐含的数学因素，并将其一一列出，至此我们便有了一个很好的开端。而有了这个良好的开端，不仅可以决定建模方向，初步确定用哪一类模型，而且对下面的各个步骤都将产生影响。

（2）模型假设。根据问题的要求和建模目的作出合理的简化假设。模型假设是根据对象的特征和建模目的，在分析问题基础上对问题进行必要的、合理的取舍和简化，并使用精确的语言作出假设，这是建模至关重要的一步。进行假设的目的在于从第一步列出的各种因素中选出主要因素，忽略非本质因素，抓住问题的本质使问题简化，以便进行数学处理。这是因为一个实际问题往往是复杂多变的，如不经过合理的简化假设，将很难转化成数学模型，即便转化成功，也可能是一个复杂的难于求解的模型，从而使建模归于失败。另外，为满足建模需要，在选定的因素里也常常要进行必要的、合理的简化，诸如线性化、均匀化、理想化等近似化处理。当然，假设做得不合理或过分简单也同样会因为与实际相去甚远而使建模归于失败。

总之，一个高超的建模者能充分发挥想象力、洞察力和判断力，善于辨别主次，合理进行简化。经验在这里也常起重要作用，有些假设在建模过程中才会被发现，因此在建模时要注意调整假设。

（3）模型建立。根据问题分析与假设，利用适当的数学工具及相应的物理或其他有关学科规律建立各个量之间的数量关系，列出表格、画出图形或确定其他数学结构。这里除需要一些相关学科的专门知识外，还常常需要较广阔的应用数学方面的知识。建模时还应遵循的一个原则是尽量采用简单的数学工具，以便让更多的人明了并能加以应用。

（4）模型求解。对以上建立的数学模型进行数学上的求解，包括解方程、画图形、证明定理及逻辑运算等，会用到传统的和近代的数学方法，特别是计算机技术。

（5）模型分析。首先对模型解答进行数学上的分析，有时要根据问题的性质分析变量间的依赖关系或稳定状况，有时要根据所得结果给出数学上的预报，有时则可能要给出数学上的最优决策或控制，对于各种情况还常常进行误差分析、数据稳定性分析。

而后将模型的解给予检验和实际解释，即把模型的求解结果"翻译"到实际对象中，用实际现象、数据等检验模型的合理性和适用性。如果检验结果与实际情况相符，则可进行最后的模型应用。

注意：一是若所得的解不符合实际，则所建数学模型有错误，应推倒重建或修改，这是数学建模完全可能出现的情况，其原因往往是问题分析错误或假设不合理；二是这五步构成了数学建模的一个流程，即问题分析→模型假设→模型建立→模型求解→对模型解的分析、检验、修改与推广，用框图描述如图 1–3 所示。对于一个建模问题，这个流程极具指导意义。应当注意的是，在实际建模过程中，其应用是可以有弹性的，不是每个建模问题都要经过这 5 个步骤，其顺序也不是一成不变的，而且有时各个过程之间没有明显的界限，因此建模中不必在形式上按部就班，只要反映出建模的特点即可。一个具体建模问题要经过哪些步骤并没有一定的模式，通常与实际问题的性质、建模目的等有关。后面我们将结合实例对流程的各个步骤详加说明。

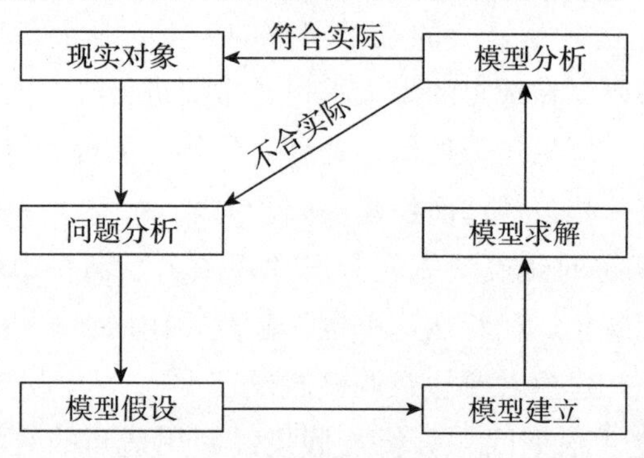

图 1–3　数学建模的流程框图

数学建模过程中最重要的三个要素，也是三个最大的难点，具体如下：

第一，怎样从实际情况出发作出合理的假设，从而得到可以执行的合理的数学模型。

第二，怎样求解模型中出现的数学问题，它可能是非常困难的问题。

第三，怎样验证模型的结论是合理、正确、可行的。

所以，当你看到一个数学模型时，就一定要问问或者想一想它的假设是什么，是否合理，模型中的数学问题是否很难，数学上是否已经解决，怎样验证该模型的正确与可行性。若你在学习有关后续课程或参加具体的数学建模活动时牢记了这条，一定会受益匪浅。

另外，在建模过程中还有一条不成文的原则，就是从简单到精细，也就是说，首先建立一个比较简单但尽可能合理的模型，有可能对该模型中的数学问题进行彻底的解决，从而能够做到仅仅通过实验，观察不可能做到的事情，甚至发现重要的现象。如果求解该模型得到的结果不合理，甚至完全错误，那么它也有可能告诉我们改进的方向。

要想比较成功地运用数学建模去解决真正的实际问题，还要培养“双向翻译”的能力，即能够把实际问题用数学的语言表述出来，而且能够把数学建模得到的（往往是用数学形式表述的）结果用普通人（或者说要应用这些结果的非数学专业的人士）能够理解的普通语言表述出来。

在学习后续的建模实例中再次强调两点：

第一，数学建模不一定有唯一正确的答案。数学建模的结果无所谓“对”与“错”，只有优与劣的区别，评价一个模型优劣的唯一标准是实践检验。

第二，数学建模没有统一的方法。对同一个问题，各人因其特长和偏好等方面的差别，所采取的方法可以不同。使用近代数学方法建立的模型不一定就比采用初等数学方法建立的模型好，因为我们建模的目的是解决实际问题。

第二章　微分方程方法

第一节　微分方程基本理论

一、基本概念

定义 1 含有自变量、未知函数及未知函数的导数或微分的等式就称为微分方程。

定义 2 不含偏导数或偏微分的微分方程称为常微分方程；含有偏导数或偏微分的微分方程称为偏微分方程。

定义 3 微分方程中所出现的未知函数的导数（或微分）的最高阶数，称为微分方程的阶。

定义 4 满足微分方程的函数称为微分方程的解。

定义 5 如果微分方程的解中含有任意变化的常数，且任意变化的常数的个数与微分方程的阶数相同，这样的解称为微分方程的通解。

由于通解含有任意常数，所以它还不能完全确定地反映某一种客观事物的规律性，因此，必须根据问题的实际情况提出某些特定的条件。即当自变量取特定值时，未知函数或其导数取对应的确定值，这种定解的条件称为初始条件（或初值条件），微分方程满足初始条件的定解问题就称为初值问题。

定义 6 不含任意变化常数的微分方程的解，称为微分方程的特解。

二、几类简单一阶方程的解法

（一）变量可分离方程

形如 $\frac{\mathrm{d}y}{\mathrm{d}x}=p(x)\cdot q(y)$ 的微分方程称为变量可分离的方程。

变量可分离方程求解的基本步骤如下：

（1）变量分离：

$$\frac{\mathrm{d}y}{q(y)}=p(x)\mathrm{d}x\ [\text{当 } q(y)\neq 0 \text{ 时}] \tag{2-1}$$

（2）两端积分：

$$\int \frac{\mathrm{d}y}{q(y)} = \int p(x)\mathrm{d}x \tag{2-2}$$

得到方程 $\frac{\mathrm{d}y}{\mathrm{d}x} = p(x) \cdot q(y)$ 的隐式通解为

$$G(y) = F(x) + C \tag{2-3}$$

式中：$G(y)$ 为 $\frac{1}{q(y)}$ 的一个原函数；$F(x)$ 为 $p(x)$ 的一个原函数；C 为任意常数。

（二）齐次方程

形如 $\frac{\mathrm{d}y}{\mathrm{d}x} = f\left(\frac{y}{x}\right)$ 的方程，称为齐次方程，其中 $f\left(\frac{y}{x}\right)$ 是以 $\frac{y}{x}$ 为中间变量的函数。

齐次方程的一般解法：引进新的未知函数 $u = \frac{y}{x}$，则 $y = ux, \frac{\mathrm{d}y}{\mathrm{d}x} = u + x\frac{\mathrm{d}u}{\mathrm{d}x}$，方程 $\frac{\mathrm{d}y}{\mathrm{d}x} = f\left(\frac{y}{x}\right)$ 变为 $u + x\frac{\mathrm{d}u}{\mathrm{d}x} = f(u)$，即 $x\frac{\mathrm{d}u}{\mathrm{d}x} = f(u) - u$，亦即

$$\frac{1}{f(u) - u}\mathrm{d}u = \frac{1}{x}\mathrm{d}x \tag{2-4}$$

这是一个变量可分离方程，它的解是关于 u，x 两个变量的函数，再以 $\frac{y}{x}$ 代替 u，x 便得到齐次方程 $\frac{\mathrm{d}y}{\mathrm{d}x} = f\left(\frac{y}{x}\right)$ 的解。

（三）一阶线性微分方程

形如 $y' + p(x)y = q(x)$ 的方程，称为一阶线性微分方程。若 $q(x) \neq 0$，则称方程为一阶非齐次线性微分方程；若 $q(x)=0$，则方程写为

$$\ln|y| = -\int p(x)\mathrm{d}x + \ln C_1 \text{ 或 } y = C\mathrm{e}^{-\int p(x)\mathrm{d}x} \quad (C = \pm C_1) \tag{2-5}$$

一阶非齐次线性微分方程通解的常数变易法，即在求出对应齐次线性微分方程的通解 $y = C\mathrm{e}^{-\int p(x)\mathrm{d}x}$ 后，将通解中的常数 C 变易为待定函数 $u(x)$，并设一阶非齐次线性微分方程的解为 $y = u(x)\mathrm{e}^{-\int p(x)\mathrm{d}x}$，代入方程 $y' + p(x)y = q(x)$，得

$$u'(x)\mathrm{e}^{-\int p(x)\mathrm{d}x} = q(x) \tag{2-6}$$

解得 $u(x)=\int q(x)e^{\int p(x)dx}dx+C$，代入 $y=u(x)e^{-\int p(x)dx}$，得

$$y=e^{-\int p(x)dx}\left[\int q(x)e^{\int p(x)dx}dx+C\right] \tag{2-7}$$

它即为方程 $y'+p(x)y=q(x)$ 的通解。

（四）伯努利方程

称方程 $y'+p(x)y=q(x)y^{\alpha}(\alpha\neq 0,\ 1)$ 为伯努利方程。当 $\alpha=0$ 时，方程为变量线性方程；当 $\alpha=1$ 时，方程为变量可分离方程。

下面讨论伯努利方程的解法。伯努利方程虽然不是线性方程，但通过变量代换可化成线性方程。用方程的两边除以 y^{α} 得 $y^{-\alpha}y'+p(x)y^{1-\alpha}=q(x)$，令 $z=y^{1-\alpha}$，则有

$$\frac{1}{1-\alpha}z'+p(x)z=q(x) \tag{2-8}$$

即

$$z'+(1-\alpha)p(x)z=(1-\alpha)q(x) \tag{2-9}$$

此为关于 z 的线性方程，求得解 $z=z(x,C)$ 后，用 $y^{1-\alpha}$ 代替 z，即得伯努利方程的通解。

三、几类常见的可降价的高阶方程

（一）$y^{(n)}=f(x)$ 型的微分方程

微分方程 $y^{(n)}=f(x)$ 是一个 n 阶微分方程，方程的右端是 x 的已知的连续函数 $f(x)$，像这样的 n 阶微分方程，通过 n 次积分，就可以得到方程的通解。

积分一次，得 $y^{(n-1)}=\int f(x)dx+C_1$，同理可得

$$y^{(n-2)}=\int\left[\int f(x)dx\right]dx+C_1x+C_2 \tag{2-10}$$

依此法继续进行，接连积分 n 次，便得到原方程的含有 n 个任意常数的通解。

（二）$y''=f(x,y')$ 型的微分方程

这种方程的特点是不显含自变量 x，求解的方法是，把 y 暂时看作自变量，

并作变换 $y' = p(y)$。于是，由复合函数的求导法则有

$$y'' = \frac{dp}{dx} = \frac{dp}{dy} \cdot \frac{dy}{dx} = p\frac{dp}{dy} \tag{2-11}$$

这样就将原方程化为 $p\frac{dp}{dy} = f(y,p)$，这是一个关于变量 y，p 的一阶微分方程。设它的通解为 $y' = p = \varphi(y, C_1)$。这是可分离变量的方程，对其积分即得到原方程的通解

$$\int \frac{dy}{\varphi(y, C_1)} = x + C_2 \tag{2-12}$$

（三）常系数齐次线性微分方程

1. 二阶常系数齐次线性微分方程

方程 $y'' + py' + qy = 0$ 为二阶常系数齐次线性微分方程，其中 p，q 是常数，求其通解的步骤归纳如下：

（1）写出与方程相应的特征方程 $r^2 + pr + q = 0$；

（2）求出特征方程的两个特征根 r_1 与 r_2；

（3）如果两个实根 $r_1 \neq r_2$，则通解为 $y = C_1 e^{r_1 x} + C_2 e^{r_2 x}$。

如果两个实根 $r_1 = r_2$，则通解为 $y = (C_1 + C_2 x)e^{r_1 x}$；

如果两个根为共轭复根 $r_{1,2} = \alpha \pm i\beta$，则通解为 $y = e^{\alpha x}(C_1 \cos\beta x + C_2 \sin\beta x)$。

2. n 阶常数齐次线性微分方程

n 阶常系数齐次线性微分方程的一般形式为

$$y^{(n)} + p_1 y^{(n-1)} + \cdots + p_{n-1} y' + p_n y = 0 \tag{2-13}$$

其特征方程为 $r^n + p_1 r^{n-1} + \cdots + p_{n-1} r + p_n = 0$。如果特征根 r 是单实根，则原方程对应有一个特解 $y = e^{rx}$；如果特征根中有多个共轭复数根 $\alpha \pm i\beta$，则原方程对应有两个特解 $y_1 = e^{\alpha x}\cos\beta x$，$y_2 = e^{\alpha x}\sin\beta x$；如果特征根 r 是 l 重实数根，则原方程对应有 l 个特解 $y_1 = e^{rx}, y_2 = xe^{rx}, \cdots, y_l = x^{l-1}e^{rx}$；如果特征根有 m 重共轭复数根 $\alpha \pm i\beta$，则原方程对应有 $2m$ 个特解 $y_{2k-1} = x^{k-1}e^{\alpha x}\cos\beta x, y_{2k} = x^{k-1}e^{\alpha x}\sin\beta x (k = 1, 2, \cdots, m)$。

3. 欧拉方程

形如 $x^n y^{(n)} + p_1 x^{n-1} y^{(n-1)} + \cdots + p_{n-1} xy + p_n y = Q(x)$（其中，$p_1, p_2, \cdots, p_n$ 均为实常数）的方程，称为欧拉方程。

令 $x=\mathrm{e}^t$，即 $t=\ln x$，将自变量 x 换成 t，于是有

$$y'=\frac{\mathrm{d}y}{\mathrm{d}x}=\frac{\mathrm{d}y}{\mathrm{d}t}\cdot\frac{\mathrm{d}t}{\mathrm{d}x}=\frac{1}{x}\frac{\mathrm{d}y}{\mathrm{d}t}\text{，即 }xy'=\frac{\mathrm{d}y}{\mathrm{d}t} \tag{2-14}$$

$$y''=\frac{\mathrm{d}^2y}{\mathrm{d}x^2}=-\frac{1}{x^2}\frac{\mathrm{d}y}{\mathrm{d}t}+\frac{1}{x}\frac{\mathrm{d}^2y}{\mathrm{d}t^2}\cdot\frac{\mathrm{d}t}{\mathrm{d}x}=\frac{1}{x^2}\left(\frac{\mathrm{d}^2y}{\mathrm{d}t^2}-\frac{\mathrm{d}y}{\mathrm{d}t}\right)\text{，即 }x^2y''=\frac{\mathrm{d}^2y}{\mathrm{d}t^2}-\frac{\mathrm{d}y}{\mathrm{d}t} \tag{2-15}$$

同理可求得

$$x^3y'''=\frac{\mathrm{d}^3y}{\mathrm{d}t^3}-3\frac{\mathrm{d}^2y}{\mathrm{d}t^2}+2\frac{\mathrm{d}y}{\mathrm{d}t},\quad\cdots \tag{2-16}$$

记 $D^k=\frac{\mathrm{d}^k}{\mathrm{d}t^k}$，则上式可写成

$$xy'=Dy \tag{2-17}$$

$$x^2y''=D^2y-Dy=D(D-1)y \tag{2-18}$$

$$x^3y'''=D^3y-3D^2y+2Dy=D(D-1)(D-2)y,\cdots \tag{2-19}$$

一般地，有

$$x^ky^{(k)}=D(D-1)\cdots(D-k+1)y \tag{2-20}$$

将上式代入原欧拉方程，便得到一个以 t 为自变量的常系数线性方程。求出该方程的通解后，再把 t 换成 $\ln x$，即得欧拉方程的通解。

（四）微分方程稳定性理论简介

1. 一阶方程的平衡点和稳定性

定义 7 设有微分方程

$$\frac{\mathrm{d}x(t)}{\mathrm{d}t}=f(x) \tag{2-21}$$

右端不显含自变量 t，代数方程 $f(x)=0$ 的实根 $x=x_0$ 称为方程（2-21）的平衡点（或奇点），显然它是方程（2-21）的解（或称奇解）。

定义 8 如果从所有可能的初始条件出发，方程（2-21）的解 $x(t)$ 都满足

$$\lim_{t\to\infty}x(t)=x_0 \tag{2-22}$$

则称平衡点 x_0 是稳定的（或渐近稳定）；否则，称平衡点 x_0 是不稳定的

（或不渐近稳定）。

判断平衡点 x_0 是否是稳定的有以下两种常用方法。

间接法：利用定义 8。

直接法：不求方程（2–21）的解 $x(t)$，将 $f(x)$ 在点 x_0 处作泰勒展开，只取一次项，方程（2–21）近似为

$$\frac{\mathrm{d}x(t)}{\mathrm{d}t}=f'(x_0)(x-x_0),$$

方程（2–22）称为方程（2–21）的近似线性方程，显然 x_0 也为方程（2–22）的平衡点，则关于平衡点 x_0 是否稳定有如下结论：

若 $f'(x_0)<0$，则平衡点 x_0 对于方程（2–22）和方程（2–21）都是稳定的；

若 $f'(x_0)<0$，则平衡点 x_0 对于方程（2–22）和方程（2–21）都是不稳定的。

2. 二阶方程的平衡点和稳定性

方程的一般形式可用两个一阶方程表示：

$$\begin{cases}\dfrac{\mathrm{d}x}{\mathrm{d}t}=f(x,y)\\[2mm]\dfrac{\mathrm{d}y}{\mathrm{d}t}=g(x,y)\end{cases}\tag{2–23}$$

定义 9 代数方程组 $\begin{cases}f(x,y)=0\\g(x,y)=0\end{cases}$ 的实数根 $x=x_0,y=y_0$，称它为方程（2–23）的一个平衡点（或奇点），记为 $P_0(x_0,y_0)$。

定义 10 如果从所有可能的初始条件出发，方程（2–23）的解 $x(t)$，$y(t)$ 都满足

$$\lim_{t\to\infty}x(t)=x_0,\quad \lim_{t\to\infty}y(t)=y_0\tag{2–24}$$

则称平衡点 $P_0(x_0,y_0)$ 是稳定的（或渐近稳定）；否则，称 $P_0(x_0,y_0)$ 是不稳定的（或不渐近稳定）。

为了用直接法讨论方程（2–23）的平衡点的稳定性，先看常系数线性方程组的一般形式

$$\begin{cases}\dfrac{\mathrm{d}x}{\mathrm{d}t}=a_{11}x+a_{12}y\\[2mm]\dfrac{\mathrm{d}y}{\mathrm{d}t}=a_{21}x+a_{22}y\end{cases}\tag{2–25}$$

显然 O（0，0）为系统的奇点，记系统系数矩阵 $\boldsymbol{A}=\begin{bmatrix} a_{11} & a_{12} \\ a_{21} & a_{22} \end{bmatrix}$，特征方程为

$$\lambda^2-\left(a_{11}+a_{22}\right)\lambda+a_{11}a_{22}-a_{12}a_{21}=0 \tag{2-26}$$

为了书写方便，令 $T=-\left(a_{11}+a_{22}\right), D=a_{11}a_{22}-a_{12}a_{21}$，于是特征方程可写为

$$\lambda^2+T\lambda+D=0 \tag{2-27}$$

特征根为 $\lambda_{1,2}=\dfrac{-T\pm\sqrt{T^2-4D}}{2}$。

下面就特征根分别为相异实根、重根及复根三种情况加以讨论。

（1）$T^2-4D>0$。

当 $D>0$ 时，若 $T>0$，两根同正，则 O 是稳定结点；

当 $D<0$ 时，两根异号，则 O 是鞍点。

（2）$T^2-4D=0$。

当 $D>0$ 时，$T<0$，有负的重根。若 $a_{12}^2+a_{21}^2=0$，则 O 是不稳定的临界节点；若 $a_{12}^2+a_{21}^2\neq 0$，则 O 是不稳定的退化节点。

当 $D>0$ 时，$T>0$，有正的重根，若 $a_{12}^2+a_{21}^2=0$，则 O 是稳定的临界节点；若 $a_{12}^2+a_{21}^2\neq 0$，则 O 是稳定的退化节点。

（3）$T^2-4D<0$。

当 $T\neq 0$ 时，有复数根的实部不为零。若 $T<0$，则 O 是不稳定焦点；若 $T>0$，则 O 是稳定焦点。

当 $T=0$ 时，有复数根的实部为 0，则 O 是中心。

从而，根据特征方程的系数 T，D 的正负很容易判断平衡点的稳定性，准则如下：若 $T>0$，$D>0$，则平衡点稳定；若 $T<0$ 或 $D<0$，则平衡点不稳定。

对于一般的非线性方程（2–23），可以用近似线性方法判断其平衡点 $P_0\left(x_0,y_0\right)$ 的稳定性。设 $P_0\left(x_0,y_0\right)$ 是方程（2–23）的奇点，则可以用坐标平移 $\overline{x}=x-x_0,\overline{y}=y-y_0$，使 $P_0\left(x_0,y_0\right)$ 对应新坐标的原点（0，0），在（0，0）点作泰勒级数展开得

$$\begin{cases} \dfrac{\mathrm{d}x}{\mathrm{d}t}=a_{11}x+a_{12}y+\varphi(x,y) \\ \dfrac{\mathrm{d}y}{\mathrm{d}t}=a_{21}x+a_{22}y+\psi(x,y) \end{cases} \tag{2-28}$$

其中 $a_{11}=f_x'(0,0), a_{12}=f_y'(0,0), a_{21}=g_x'(0,0), a_{22}=g_y'(0,0)$，将右端高次项略去，得一次近似

$$\begin{cases}\dfrac{\mathrm{d}x}{\mathrm{d}t}=a_{11}x+a_{12}y\\ \dfrac{\mathrm{d}y}{\mathrm{d}t}=a_{21}x+a_{22}y\end{cases} \tag{2-29}$$

在一般情况下用下面的定理：

定理 1 对于非线性系统（2–23），若有 $\begin{vmatrix}a_{11} & a_{12}\\ a_{21} & a_{22}\end{vmatrix}\neq 0$（即我们讨论的奇点是初等奇点，也就是线性系统的系统矩阵 $\boldsymbol{A}$ 的特征值非零），且（0，0）为系统（2–24）的节点（不包括退化结点及临界节点）、鞍点或焦点。又 $\varphi(x, y),\psi(x, y)$ 在（0，0）的邻域连续可微，且满足

$$\lim_{x^2+y^2\to 0}\frac{\varphi(x,y)}{\sqrt{x^2+y^2}}=0 \text{ 及 } \lim_{x^2+y^2\to 0}\frac{\psi(x,y)}{\sqrt{x^2+y^2}}=0 \tag{2-30}$$

则非线性系统（2-23）的奇点类型与其近似线性系统（2-24）的奇点类型完全相同。

这里首先介绍物理、生物中的微分方程模型，为后面理论学习提供应用例子，然后介绍微分方程的基本概念。

例 物体冷却过程的数学模型。

将一室内温度为 90℃的物体放到温度为 T_0 的室外。10 min 后，测得它的温度为 60℃。试利用牛顿冷却定律建立物体冷却过程的数学模型。

解 设物体在时刻 t 的温度为 $T=T(0)$，温度的变化速率以 k 来表示。又因物体随时间而逐渐冷却，故温度变化速率恒负。因此，利用牛顿冷却定律得到

$$\frac{\mathrm{d}T}{\mathrm{d}t}=-k\left(T-T_0\right) \tag{2-31}$$

且满足 $T(0)=90$ ℃，T（10）=60℃。其中，$k>0$ 为比例常数。方程（2–31）就是物体冷却过程的数学模型，它含有未知函数的一阶导数 $\dfrac{\mathrm{d}T}{\mathrm{d}t}$，称为一阶微分方程。

例 R–L–C 电路。

R–L–C 电路包括电阻 R、电感 L 和电容 C。假设 R、L、C 均为常数，电

源 $\varepsilon(t)$ 是时间 t 的函数。当开关 K 闭合上后，试建立电流 I 满足的微分方程模型。

解 注意到经过电阻 R、电感 L 和电容 C 的电压降分别为 $L\frac{\mathrm{d}I}{\mathrm{d}t}$，$RI$，$\frac{Q}{C}$，其中，$Q$ 为电量。因此，由基尔霍夫第二定律得

$$\varepsilon(t)=L\frac{\mathrm{d}I}{\mathrm{d}t}+RI+\frac{Q}{C} \tag{2-32}$$

又因 $I=\frac{\mathrm{d}Q}{\mathrm{d}t}$，对式（2-33）两边求导，得

$$\frac{\mathrm{d}^2I}{\mathrm{d}t^2}+\frac{R}{L}\frac{\mathrm{d}I}{\mathrm{d}t}+\frac{I}{LC}=\frac{1}{L}\frac{\mathrm{d}\varepsilon(t)}{\mathrm{d}t} \tag{2-33}$$

第二节　微分方程模型的建立

建立微分方程模型时，经常会遇到一些关键词，如“速率”“增长”“衰变”“边际”等。这些概念常与导数有关，再结合问题所涉及的基本规律就可以得到相应的微分方程。下面通过实例介绍几类常用的利用微分方程建立数学模型的方法。

一、按规律直接列方程

例 将一个较热的物体置于室温为 18℃的房间内，该物体最初的温度是 60℃，3 min 以后降到 50℃。它的温度降到 30℃需要多长时间？10 min 以后它的温度是多少？

解 根据牛顿冷却（加热）定律，将温度为 T 的物体放入处于常温 m 的介质中时，T 的变化速率正比于 T 与周围介质的温度差，设物体在冷却过程中的温度为 $T(t), t\geqslant 0, T$ 的变化速率正比于 T 与周围介质的温度差，即与 $T-m$ 成正比。建立微分方程

$$\begin{cases}\frac{\mathrm{d}T}{\mathrm{d}t}=-k(T-m)\\ T(0)=60\end{cases} \tag{2-34}$$

其中参数 $k>0$，$m=18$。求得通解为 $\ln(T-m)=-kt+c$ 或 $T=m+\mathrm{e}^c\mathrm{e}^{-kt}, t\geqslant 0$。

代入初值条件，求得 $c=\ln 42, k=-\frac{1}{3}\ln\frac{16}{21}$，最后得

$$T(t)=18+42e^{\left(\frac{1}{3}\ln\frac{16}{21}\right)t}, t\geqslant 0 \tag{2-35}$$

结果：（1）该物体温度降至 30℃需要 13. 82 min。

（2）10 min 以后它的温度是 $T(10)=18+42e^{\left(\frac{1}{3}\ln\frac{16}{21}\right)10}=34.97$℃。

二、微元分析法

该方法的基本思想是通过分析研究对象的有关变量在一个很短时间内的变化情况，寻求一些微元之间的关系式。

例 一个高为 2 m 的球体容器里盛了一半的水，水从它的底部小孔流出，如图 2-1 所示，小孔的横截面积为 1 cm^2。试求放空容器中的水所需要的时间。

解 首先对孔口水的流速作两条假设：

① t 时刻孔口水的流速 v 依赖于此刻容器内水的高度 $h(t)$；

②整个放水过程无能量损失。

由水力学知，水从孔口流出的流量 Q 为“通过孔口横截面的水的体积 V 对时间 t 的变化率”，即

$$Q=\frac{dV}{dt}=0.62\sqrt{2gh}dt \tag{2-36}$$

式中，0.62 为流量系数；g 为重力加速度（取 9.8 m/s^2）；$h(t)$ 是水面高度（单位 cm）；t 是时间（单位 s）。

当 S=1 cm^2 时，有

$$dV=0.62\sqrt{2gh}dt \tag{2-37}$$

在微小时间间隔 $[t, t+dt]$ 内，水面高度 $h(t)$ 降至 $h+dh$（$dh<0$），如图 2-2。容器中水的体积的改变量近似为

$$dV=-\pi r^2 dh \tag{2-38}$$

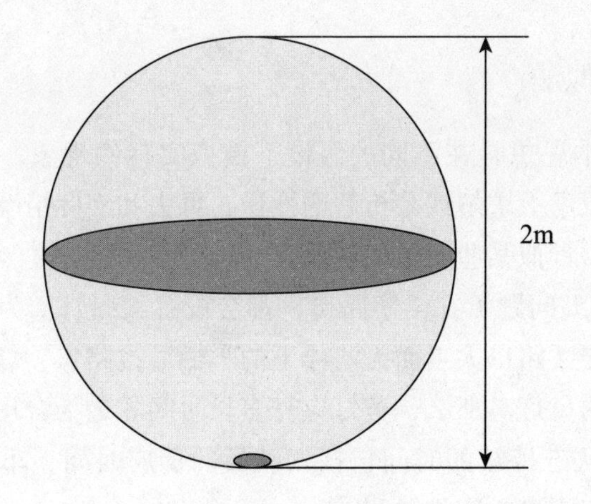

图 2-1　球体容器

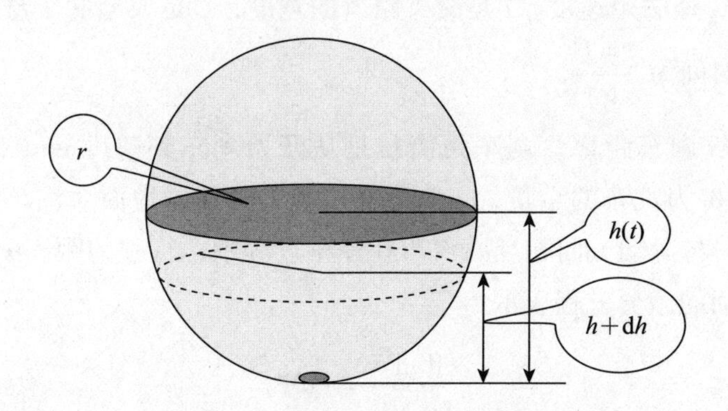

图 2-2　微小时间间隔内水面变化

式中：r 为时刻 t 的水面半径，右端置负号是由于 $\mathrm{d}h<0$ 而 $\mathrm{d}V>0$。

记 $r=\sqrt{100^2-(100-h)^2}=\sqrt{200h-h^2}$，比较式（2-37）、式（2-38）得微分方程如下：

$$\begin{cases}0.62\sqrt{2gh}\,\mathrm{d}t=-\pi\left(200h-h^2\right)\mathrm{d}h\\ h\big|_{t=0}=100\end{cases}\tag{2-39}$$

积分后整理得

$$t=\frac{\pi}{0.62\sqrt{2g}}\left(\frac{280000}{3}-\frac{400}{3}h^{\frac{3}{2}}+\frac{2}{5}h^{\frac{5}{2}}\right)\tag{2-40}$$

令 $h=0$，求得完全排空需要约 2 小时 58 分。

三、模拟近似法

该方法的基本思想是在不同的假设下模拟实际的现象，即模拟近似建立的微分方程，从数学上求解或分析解的性质，再去和实际情况作对比，观察这个模型能否模拟、近似某些实际的现象。

例 （交通管理问题）在十字路口，都会设置红绿灯。为了让那些正行驶在交叉路口或离交叉路口太近而无法停下的车辆通过路口，红绿灯转换中间还要亮起一段时间的黄灯。那么，黄灯应亮多长时间才最为合理呢？

分析 黄灯状态持续的时间包括驾驶员的反应时间、车通过交叉路口的时间以及通过刹车距离所需的时间。

解 记 v_0 是法定速度，I 是交叉路口的宽度，L 是典型的车身长度，则车通过路口的时间为 $\frac{I+L}{v_0}$。

下面计算刹车距离。刹车距离就是从开始刹车到速度 $v=0$ 时汽车驶过的距离。设 W 为汽车的重量，μ 为摩擦因数。显然，地面对汽车的摩擦力为 μW，其方向与运动方向相反。汽车在停车过程中，行驶的距离 x 与时间 t 的关系可用下面的微分方程表示：

$$\frac{W}{g}\frac{\mathrm{d}^2x}{\mathrm{d}t^2}=-\mu W \tag{2-41}$$

式中，g 为重力加速度。

式（2-41）的初始条件为

$$x\big|_{t=0}=0,\quad \frac{\mathrm{d}x}{\mathrm{d}t}\bigg|_{t=0}=v_0 \tag{2-42}$$

先求解二阶微分方程式（2-41），对式（2-42）从 0 到 1 积分，利用条件式（2-42）得

$$\frac{\mathrm{d}x}{\mathrm{d}t}=-\mu gt+v_0 \tag{2-43}$$

在条件式（2-42）下对式（2-43）从 0 到 1 积分，得

$$x(t)=-\frac{1}{2}\mu gt^2+v_0t \tag{2-44}$$

令式（2-43）中 $\frac{\mathrm{d}x}{\mathrm{d}t}=0$，可得刹车所用时间 $t_0=\frac{v_0}{\mu g}$，从而得到刹车距离

$x(t_0)=\dfrac{v_0^2}{2\mu g}$。下面计算黄灯状态的时间 A，则

$$A=\frac{x(t_0)+I+L}{v_0}+T \tag{2-45}$$

其中 T 是驾驶员的反应时间，代入 $x(t_0)$ 得

$$A=\frac{v_0}{2\mu g}+\frac{I+L}{v_0}+T \tag{2-46}$$

设 T=1 s，L=4.5 m，I=9 m。另外，取具有代表性的 $\mu=0.2$，当 v_0分别为45 km / h、60 km / h 以及 80 km/h 时，黄灯时间 A 如表 2-1 所示。

表2-1　不同速度下计算和经验法的黄灯时长

v_0 /km · h⁻¹	A/s	经验法 /s
45	5.27	3
65	6.35	4
80	7.28	5

经验法的结果比预测的黄灯状态短些，这使人想起，许多交叉路口红绿灯的设计可能使车辆在绿灯转为红灯时正处于交叉路口。

第三节　微分方程模型的求解方法

一、微分方程的数值解

在高等数学中，介绍了一些特殊类型微分方程的解析解法，但是大量的微分方程由于过于复杂往往难以求出解析解。此时可以用数值解法求得微分方程的近似解。考虑一阶常微分方程的初值问题

$$\begin{cases}\dfrac{dy}{dx}=f(x,y)\\ y(x_0)=y_0\end{cases} \tag{2-47}$$

在区间 $[a,b]$ 上的解，其中 $f(x,y)$ 为 x,y 的连续函数，y_0 为给定的初始值，

将上述问题的精确解记为 $y(x)$。数值解法的基本思想是在解的存在区间上取 $n+1$ 个节点，有 $a=x_0<x_1<x_2<\cdots<x_n=b$，这里的 $h_i=x_{i+1}-x_i(i=0,1,\cdots,n-1)$ 为由 x_i 到 x_{i+1} 的步长。这些 h_i 可以不相等，但一般取成相等的，这时 $h=\dfrac{b-a}{n}$。在这些节点上采用离散化方法（通常用数值积分、微分、泰勒展开等），将上述初值问题化成关于离散变量的相应问题。把这个相应问题的解 y_n 作为 $y(x_n)$ 的近似值，这样求得的 y_n 就是上述初值问题在节点 x_n 上的数值解。一般来说，不同的离散化导致不同的方法，欧拉法是解初值问题的最简单的数值解法。

对式（2–47）积分可得以下积分方程：

$$y(x)=y_0+\int_{x_0}^{x}f[t,y(t)]\mathrm{d}t \tag{2–48}$$

当 $x=x_1$ 时，有

$$y(x_1)=y_0+\int_{x_0}^{x_1}f[t,y(t)]\mathrm{d}t \tag{2–49}$$

要得到 $y(x_1)$ 的值，就必须计算出式（2–49）右端的积分。但积分式中含有未知函数，无法直接计算，只好借助于数值积分。假如用矩形法进行数值积分，则

$$\int_{x_0}^{x_1}f[(t,y(t)]\mathrm{d}t\approx f[x_0,y(x_0)](x_1-x_0) \tag{2–50}$$

因此有

$$y(x_1)\approx y_0+f[x_0,y(x_0)](x_1-x_0) \tag{2–51}$$

$$=y_0+hf(x_0,y_0)=y_1 \tag{2–52}$$

利用 y_1 及 $f(x_1,y_1)$ 又可以算出 $y(x_2)$ 的近似值：

$$y_2=y_1+hf(x_1,y_1)。$$

一般地，在点 $x_{n+1}=x_0+(n+1)h$ 处 $y(x_{n+1})$ 的近似值由式（2–53）给出：

$$y_{n+1}=y_n+hf(x_n,y_n) \tag{2–53}$$

式中：h 为步，式（2–53）称为显式欧拉公式。

一般而言，欧拉方法计算简便，但计算精度低、收敛速度慢。若用梯形公式计算式（2–49）右端的积分，则可望得到较高的精度。这时

$$\int_{x_0}^{x_1}f[t,y(t)]\mathrm{d}t\approx\frac{1}{2}\{f[x_0,y(x_0)]+f[x_1,y(x_1)]\}(x_1-x_0) \tag{2–54}$$

将这个结果代入式（2–49），并将其中的$y(x_1)$用y_1近似代替，则得

$$y_1 = y_0 + \frac{1}{2}h\left[f(x_0,y_0)+f(x_1,y_1)\right] \tag{2–55}$$

这里得到了一个含有y_1的方程式，如果能从中解出y_1，用它作为y_1的近似值，可以认为比用欧拉法得出的结果要好些。仿照求y_1的方法，可以逐个求出y_2。

一般地，当求出y_n以后，要求y_{n+1}，可归结为解方程

$$y_{n+1} = y_n + \frac{h}{2}\left[f(x_n,y_n)+f(x_{n+1},y_{n+1})\right] \tag{2–56}$$

这个方法称为梯形法则，式（2–56）称为梯形公式。可以证明梯形公式比欧拉公式精度高、收敛速度快。然而用梯形法则求解，需要解含有y_{n+1}的方程，这通常很不容易。为此，在实际计算时，可将欧拉法与梯形法则相结合，计算公式为

$$\begin{cases} y_{n+1}^{(0)} = y_n + hf(x_n,y_n) \\ y_{n+1}^{(k+1)} = y_n + \dfrac{h}{2}\left[f(x_n,y_n)+f\left(x_{n+1},y_{n+1}^{(k)}\right)\right], \quad k=0,1,2,\cdots,n \end{cases} \tag{2–57}$$

这就是先用欧拉法由(x_n,y_n)得出$y(x_{n+1})$的初始近似值$y_{n+1}^{(0)}$，然后用式（2–57）中第二式进行迭代，反复改进这个近似值，直到$\left|y_{n+1}^{(k+1)}-y_{n+1}^{(k)}\right|<\varepsilon$（$\varepsilon$为所允许的误差）为止，并把$y_{n+1}^{(k)}$取作$y(x_{n+1})$的近似值$y_{n+1}$。这个方法称为改进的欧拉方法。通常把式（2–57）称为预报校正公式，其中第一式称预报公式，第二式称校正公式。由于式（2–57）也是显示公式，所以改进欧拉方法不仅计算方便，而且精度较高、收敛速度快，是常用的方法之一。此外，常用的方法还有二阶、四阶龙格 – 库塔法和线性多步法等。

二、利用 MATLAB 求解微分方程

（一）符号解法

MATLAB 中求微分方程解析解的命令如下

dsolve（‘方程 1’，‘方程 2’，…，‘方程 n’，‘初始条件’，‘自变量’）

注　在表述微分方程时，用字母 D 表示求微分，D2、D3 等表示求高阶微分。任何 D 后的字母为因变量，自变量可以指定或由系统规则选定为缺省。

如微分方程 $\frac{d^2y}{dx^2}=0$ 应表示为 D2y = 0 。

例 求微分方程 $\frac{du}{dt}=1+u^2$ 的通解。

解 在 MATLAB 命令窗口中输入

```
dsolve（'Du=1+ u^2 '，'t'）
ans=
    tan（t+Cl）
```

即 $y(t)=\tan(t+C)$。

例 求下述微分方程的特解：

$$\begin{cases}\frac{d^2y}{dx^2}+4\frac{dy}{dx}+29y=0\\ y(0)=0, y'(0)=15\end{cases} \tag{2-58}$$

解 在 MATLAB 命令窗口中输入

```
y = dsolve('D2y + 4 * Dy + 29 * y = 0','y(0) = 0,Dy(0) = 15', 'x' )
y=
   3*exp(-2*x)*sin(5*x)
```

即 $y(x)=3e^{-2x}\sin(5x)$ 。

例 求下述微分方程组的通解：

$$\begin{cases}\frac{dx}{dt}=2x-3y+3z\\ \frac{dy}{dt}=4x-5y+3z\\ \frac{dz}{dt}=4x-4y+2z\end{cases} \tag{2-59}$$

解 在 MATLAB 命令窗口中输入

```
[x, y, z]=dsolve（'Dx=2*x-3*y+3*z'，'Dy=4*x-5*y+3*z'，'Dz=4*x-4*y+2*z'，'t'）;
x= simple(x) % 将 x 化简
y= simple(y)
z= simple(z)
x=
    C2 * exp（t）*2+ C3/exp（t）
```

y=

C2* exp（2*t）+C3* exp（–t）+ exp（–2*t）*C1

z=

C2*exp（2*t）+ exp（–2* t）*C1

即 $x(t)=C_2\mathrm{e}^{2t}+C_3\mathrm{e}^{-t},y(t)=C_1\mathrm{e}^{-2t}+C_2\mathrm{e}^{2t}+C_3\mathrm{e}^{-t},z(t)=C_1\mathrm{e}^{-2t}+C_2\mathrm{e}^{2t}$。

（二）数值解法

MATLAB 对常微分方程的数值求解是基于一阶方程进行的，通常采用龙格–库塔方法，所对应的 MATLAB 命令为 ode（ordinary differential equation 的缩写），如 ode23、ode45、ode23s、ode23tb、odel5s、odel13 等，分别用于求解不同类型的微分方程，如刚性方程和非刚性方程等。

MATLAB 中求解微分方程的命令如下：

[t，x]= solver（‘f’，tspan，x0，options）。

其中 solver 可取如 ode45，ode23 等函数名，f 为一阶微分方程组编写的 M 文件名，tspan 为时间矢量，可取两种形式：

（1）tspan=[t_0，t_f] 时，可计算出从 t_0 到 t_f 的微分方程的解；

（2）tspan=[t_0，t_1，t_2，…，t_m] 时，可计算出这些时间点上的微分方程的解。

x0 为微分方程的初值，options 用于设定误差限（缺省时设定相对误差 10^{-3}，绝对误差 10^{-6}），命令为 options= odeset（‘reltol’，rt，‘abstol’，at），其中 rt，at 分别为设定的相对误差和绝对误差界。输出变量 x 记录着微分方程的解，t 包含相应的时间点。

下面按步骤给出用 MATLAB 求解微分方程的过程。

（1）首先将常微分方程变换成一阶微分方程组。如以下微分方程

$$y^{(n)}=f\left(t,y,\dot{y},\cdots,y^{(n-1)}\right) \tag{2-60}$$

若令 $y_1=y,y_2=\dot{y},\cdots,y_n=y^{(n-1)}$，则可得到一阶微分方程组

$$\begin{cases}\dot{y}_1=y_2\\ \dot{y}_2=y_3\\ \cdots\\ \dot{y}_n=f\left(t,y_1,y_2,\cdots,y_n\right)\end{cases} \tag{2-61}$$

相应地可以确定初值 $x(0)=\left[y_1(0),y_2(0),\cdots,y_n(0)\right]$。

（2）将一阶微分方程组编写成 M 文件，设为 myfun（t，y）。

function dy= myfun（t，y），

$\text{dy}=[\text{y(2)};\text{y(3)};\cdots;f(t,\text{y(1)},\text{y(2)},\cdots,\text{y(n}-1))]$；

（3）选取适当的 MATLAB 函数求解。

一般的常微分方程可以采用 ode23，ode45 或 odel13 求解。对于大多数场合，首选算法是 ode45。ode23 与 ode45 类似，只是精度低一些。当 ode45 计算时间太长时，可以采用 odel13 取代 ode45。ode15s 和 ode23s 则用于求解陡峭微分方程（在某些点上具有很大的导数值）。当采用前三种方法得不到满意的结果时，可尝试采用后两种方法。

例　求解用于描述电子电路中三极管的振荡效应的 Van Der Pol 方程：

$$\begin{cases}\dfrac{\mathrm{d}^2x}{\mathrm{d}t^2}-1000\left(1-x^2\right)\dfrac{\mathrm{d}x}{\mathrm{d}t}+x=0\\ x(0)=2;x'(0)=0\end{cases} \tag{2-62}$$

解　令 $y_1=x,y_2=x'$，则微分方程变为一阶微方程组

$$\begin{cases}y_1'=y_2\\ y_2'=1000\left(1-y_1^2\right)y_2-y_1\\ y_1(0)=2,y_2(0)=0\end{cases} \tag{2-63}$$

方程组写成向量形式 $y'=\boldsymbol{f}(t,y)$，式中 $\boldsymbol{y}=\begin{bmatrix}y_1\\ y_2\end{bmatrix}$，

$$\boldsymbol{f}(t,y)=\begin{bmatrix}y_2\\ 1000\left(1-y_1^2\right)y_2-y_1\end{bmatrix} \tag{2-64}$$

建立 M 文件 Van Der Pol. m 如下，该 M 文件形成 $\boldsymbol{f}$（t，y）：

```
function f= Van Der Pol（t，y）
f=[y(2);1000*(1-y(1)^2)*y(2)-y(1)];
```

注意，即便该函数不显式包含 t，变量 t 也必须用作一输入量。

求解区间设定为 [0，3000]，初值 [2,0]，在命令窗口中输入

```
[T,Y]=ode15s('Van Der Pol',[0  3000],[2  0])；
```

运行结果为一个列向量 ***T*** 和一个矩阵 ***Y***。***T*** 表示一系列的 t 值，***Y*** 的第一列表示 x 的近似值，***Y*** 的第二列表示 x 导数的近似值。

利用命令 plot(T,Y(:,1),'—') 作出函数 $x(t)$ 的图像，结果如图 2-3 所示。

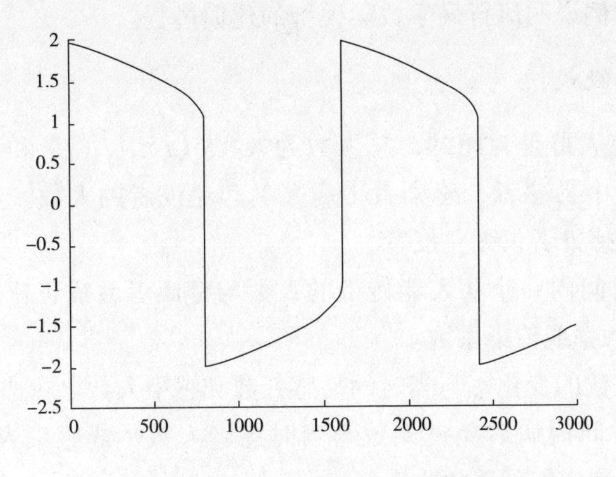

图 2-3 Van Der Pol 方程的解

例 解微分方程组：

$$\begin{cases} \dot{y}_1 = y_2 + \cos(t) \\ \dot{y}_2 = \sin(2t) \\ y_1(0) = 0.5, y_2(0) = -0.5 \end{cases} \tag{2-15}$$

解 建立 M 文件 myfun. m 如下：

```
function f= myfun（t, y）
f=[y（2）+cos（t）; sin（2*t）]；
```

求解区间设定为 [0，50]，初值 [0.5，−0.5]，命令窗口中输入

```
[T，Y]=ode45（‘ myfun’, [0 50]，[0.5 −0.5]）;
```

使用命令

```
plot（T, Y（, 1），‘—’，T，Y（, 2），‘——’），
```

在一张图中同时作出函数 $y_1(t)$ 和 $y_2(t)$ 的图像。

第四节 微分方程模型应用

一、微分方程模型在流行病动力学中的应用

流行病动力学是用数学模型研究某种传染病在某一地区是否蔓延下去，

成为当地的“地方病”，或最终该病将消除。下面以 Kermack 和 Mckendrick 提出的阈模型为例说明流行病学数学模型的建模过程。

（一）模型假设

（1）被研究人群是封闭的，总人数为 N。$S(t)$，$I(t)$ 和 $R(t)$ 分别表示 t 时刻时人群中易感者、感染者（病人）和免疫者的人数。起始条件为 S_0 个易感者，I_0 个感染者，无免疫者。

（2）单位时间内一个病人能传染的人数与健康者数成正比，比例系数为 λ，即传染性接触率或传染系数。

（3）易感人数的变化率与当时的易感人数和感染人数之积成正比。

（4）单位时间内病后免疫人数与当时患者人数（或感染人数）成正比，比例系数为 μ，称为恢复系数或恢复率。

（二）模型建立

根据上述假设，可以建立如下模型：

$$\begin{cases} \dfrac{\mathrm{d}I}{\mathrm{d}t} = \lambda SI - \mu I \\ \dfrac{\mathrm{d}S}{\mathrm{d}t} = -\lambda SI \\ \dfrac{\mathrm{d}R}{\mathrm{d}t} = \mu I \\ S(t) + I(t) + R(t) = N \end{cases} \tag{2-66}$$

以上模型又称 Kermack – Mckendrick（简称 K–M）方程。

（三）模型求解与分析

对于方程（2–66）无法求出 $S(t)$、$I(t)$ 和 $R(t)$ 的解析解，转到平面 S–I 上来讨论解的性质。由方程（2–66）中的前两个方程消去 dt 可得

$$\begin{cases} \dfrac{dI}{dS} = \dfrac{1}{\sigma S} - 1 \\ I\big|_{s-s_0} = I_0 \end{cases} \tag{2-67}$$

其中 $\sigma = \lambda / u$，是一个传染期内每个患者有效接触的平均人数，称为接触数。用分离变量法可求出式（2–67）的解为

$$I=\left(S_0+I_0\right)-S+\frac{1}{\sigma}\ln\frac{S}{S_0} \tag{2-68}$$

当初始值$S_0 \leqslant 1/\sigma$时，传染病不会蔓延，患者人数一直在减少并逐渐消失；而当$S_0>1/\sigma$时，患者人数会增加，传染病开始蔓延，健康者的人数在减少；当$S(t)$减少至$1/\sigma$时，患者在人群中的比例达到最大值，然后患者数逐渐减少至0。由此可知，$1/\sigma$是一个阈值，要想控制传染病的流行，应控制S_0使之小于此阈值。

由上述分析可知，要控制疫后此类传染病的流行可通过两条途径：一是提高卫生和医疗水平。卫生水平越高，传染性接触率λ就越小；医疗水平越高，恢复系数μ就越大。这样，阈值$1/\sigma$就越大，因此提高卫生和医疗水平有助于控制传染病的蔓延。另一条途径是通过降低S_0来控制传染病的蔓延。由$S_0+R_0+I_0=N$可知，要想减小S_0可通过提高R_0来实现，而这又可通过预防接种和群体免疫等措施来实现。

（四）参数估计

参数σ的值可由实际数据估计得到，记S_∞、I_∞分别是传染病流行结束后的健康者人数和患者人数。当流行结束后，患者都将转为免疫者。所以$I_\infty=0$。则由式（2-68）可得

$$I_\infty=0=S_0+I_0-S_\infty+\frac{1}{\sigma}\ln\frac{S_\infty}{S_0} \tag{2-69}$$

解出σ得

$$\sigma=\frac{\ln S_0-\ln S}{S_0+I_0-S^2} \tag{2-70}$$

于是，当已知某地区某种疾病流行结束后的S_∞，那么可由式（2-70）计算出σ的值，而此σ的值可在今后同种传染病和同类地区的研究中使用。

（五）模型应用

这里以1950年上海市某全托幼儿所发生的一起水痘流行过程为例，应用K-M模型进行模拟，并对模拟结果进行讨论。该所儿童总人数N为196人；既往患过水痘而此次未感染者40人；查不出水痘患病史而本次流行期间感染水痘者96人；既往无明确水痘史，本次又未感染的幸免者60人。全部流行期间79天，病例成代出现，每代相隔约15天。各代病例数、易感者数及相隔时

间如表 2–2 所示。

表2–2　某托儿所水痘流行过程中各代病例数

代	病例数	易感者数	相隔时间 / 天
1	1	155	15
2	2	153	15
3	14	139	17
4	38	101	14
5	34	67	
6	7	33	
合计	96		

以初始值 S_0=155，S_0– S_∞ =96 代入式（2–36）可得 1/ σ =100.43。将σ代入式（2–34）可得该流行过程的模拟结果（表 2–3）。

表2–3　过程的模拟结果

单位居中	病例数	易感者数	计算式
t_0	1	155	初始值
t_1	1	154	156–155+100.43 × ln（155/155）=1
t_2	1	153	156–154+100.43 × ln（154/155）=1.34
t_3	2	151	156–153+100.43 × ln（153/155）=1.70
t_4	2	149	156–151+100.43 × ln（151/155）=2.37
t_5	3	146	156–149+100.43 × ln（149/155）=3.04
t_6	4	142	156–146+100.43 × ln（146/155）=3.99
t_7	5	137	156–142+100.43 × ln（142/155）=5.20
t_8	7	130	156–137+100.43 × ln（137/155）=6.60
t_9	8	122	156–130+100.43 × ln（130/155）=8.34

续　表

单位居中	病例数	易感者数	计算式
t_{10}	10	112	156−122+100.43 × ln（122/155）=9.96
t_{11}	11	101	156−112+100.43 × ln（112/155）=11.37
t_{12}	12	89	156−101+100.43 × ln（101/155）=11.99
t_{13}	11	78	156−89+100.43 × ln（89/155）=11.28
t_{14}	9	69	156−78+100.43 × ln（78/155）=9.03
t_{15}	6	63	156−69+100.43 × ln（69/155）=5.72
t_{16}	3	60	156−63+100.43 × ln（63/155）=2.58
合计	96		

本例整个流行期为 79 天，以初始时间 t_0 为起点，相邻间隔约 5 天（79/15=5.27）。所以，自 t_0 起，每隔 3 个单位时间所对应的日期与表 2-2 中的各代相邻时间基本吻合。经计算，与按代统计的试验资料相比，K–M 模型取得了较好的拟合效果。

通过本例不难看出，K–M 模型由一组微分方程构成，看似复杂，实则计算起来并不难。此外，该模型引入了 $\sigma=\lambda/u$ 项，λ 为传染性接触率，μ 为恢复率，即感染者转变为下一代免疫者的概率，这是动力学模型两个敏感的参数，而这两个参数的引入使得该模型具有更大的普适性。

二、微分方程模型在放射性废料处理中的应用

美国原子能委员会以往处理浓缩放射性废料的方法一直是把它们装入密封的圆桶里，然后扔到水深为 90 多米的海底。生态学家和科学家表示担心，怕圆桶下沉到海底时与海底碰撞而发生破裂，从而造成核污染。美国原子能委员会分辩说这是不可能的。为此工程师进行了碰撞实验，发现当圆桶下沉速度超过 12.2 m/s 与海底相撞时，圆桶就可能发生碰裂。这样为避免圆桶碰裂，需要计算一下圆桶沉到海底时速度是多少。

已知圆桶质量 m=239.46 kg，体积 V=0.2058 m^3，海水密度 ρ=1035.71 kg/m^3，若圆桶速度小于 12.2 m/s 就说明这种方法是安全可靠的，否则就要禁止使用这种方法来处理放射性废料。假设水的阻力与速度大小成正比例，其正比例常数

k=0.6。现要求建立合理的数学模型，解决如下实际问题：

①这种处理废料的方法是否合理？

②一般情况下，v 大，k 也大；v 小，k 也小。当 v 很大时，常用 kv 来代替 k，那么这时速度与时间关系如何？当速度不超过 12.2 m/s 时，圆桶的运动时间 t 和位移 s 应不超过多少（k 的值仍设为 0.6）？

（一）模型的建立

1. 问题 1 的模型

首先要找出圆桶的运动规律。由于圆桶在运动过程中受到自身的重力 G、水的浮力 H 和水的阻力 f 的作用，所以根据牛顿运动定律得到圆桶受到的合力 F 满足

$$F=G-H-f \tag{2-71}$$

又因为 $F=ma=m\frac{\mathrm{d}v}{\mathrm{d}t}=m\frac{\mathrm{d}^2s}{\mathrm{d}t^2}$，$G=mg$，$H=\rho gV$ 以及 $f=kv=k\frac{\mathrm{d}s}{\mathrm{d}t}$，可得到圆桶的位移满足下面的微分方程：

$$\begin{cases} m\frac{\mathrm{d}^2s}{\mathrm{d}t^2}=mg-\rho gV-k\frac{\mathrm{d}s}{\mathrm{d}t} \\ \left.\frac{\mathrm{d}s}{\mathrm{d}t}\right|_{t=0}=s|_{t=0}=0 \end{cases} \tag{2-72}$$

2. 问题 2 的模型

由题设条件，圆桶受到的阻力应改为 $f=kv^2=k\left(\frac{\mathrm{d}s}{\mathrm{d}t}\right)^2$，类似问题 1 的模型，可得到圆桶的速度应满足如下的微分方程：

$$\begin{cases} m\frac{\mathrm{d}v}{\mathrm{d}t}=mg-\rho gV-kv^2 \\ v|_{t=0}=0 \end{cases} \tag{2-73}$$

（二）模型求解

1. 问题 1 的模型求解

首先根据方程（2–72）求位移函数，建立 M 文件 weiyi. m 如下：

```
syms m V rho g k % 定义符号变量
s= dsolve（'m* D2s-m*g+rho*g* V+k*Ds'，'s（0）=0，Ds（0）
```

=0’）; % 求位移函数

s=subs（s，{m，V，rho，g，k}，{239. 46.0. 2058，1035，71，9.8，0.6}；% 对符号变量赋值

s=vpa（s，10）% 控制运算精度 10 位有效数字

在 MATLAB 命令窗口中输入

weiyi

s=

171510. 9924*exp（—.2505637685e—2 * t）+429. 7444060*t– 171510.9924

即求得位移函数为

$$s(t) = -171510.9924 + 429.7444t + 171510.9924\mathrm{e}^{-0.0025056t} \tag{2-74}$$

对式（2–73）关于时间 t 求导数，即可得速度函数为

$$v(t) = 429.7444 - 429.7444\mathrm{e}^{-0.0025056t} \tag{2-75}$$

先求圆桶到达水深 90 m 的海底所需时间，在 MATLAB 命令窗口中输入

t= solve（s– 90）% 求到达海底 90 米处的时间

t=12. 999397765812563803103778282712

求得 t=12.9994 s（负解舍去）。再把它代入方程（2–75），在 MATLAB 命令窗口中输入

v=subs（v，t）% 求到达海底 90 米处的速度

v=13. 772034766710159957801923349 63

求出圆桶到达海底的速度为 v=13.7720 m/s（负解舍去）。显然此时圆桶的速度已超过 12.2 m/s，可见这种处理废料的方法不合理。因此，美国原子能委员会已经禁止用这种方法来处理放射性废料。

2. 问题 2 的模型求解

根据式（2–73）求圆桶的速度函数，建立 M 文件 sudu. m 如下：

```
syms m V rho g k
v= dsolve（‘ m* Dv—m*g+rho*g* V+k*v^2’，’ v（0）=0’）;
v= subs（v，{m，V，rho，g，k}，{239. 46，0. 2058，1035. 71，9.8，0. 6}）;
v= simple（v）;
v=vpa（v，7）
```

在 MATLAB 命令窗口中输入

sudu

v=

20.73027 * tanh（. 5194257e-1* t）

即求得速度函数为

$$v(t) = 20.7303\tanh(0.0519t) \tag{2-76}$$

在 MATLAB 命令窗口中输入

t= solve（v—12. 2）% 求时间的临界值

s=int（v，0，t）% 求位移的临界值

t=13. 002545711282812152467019961348

s=84. 843949361417614797438654492062

这时若速度要小于 12.2 m/s，那么经计算可得圆桶的运动时间不能超过 $T = 13.0025$ s，利用位移 $s(T) = \int_0^T v(t)\mathrm{d}t$，计算得位移不能超过 84.8438 m。通过这个模型，也可以得知原来处理核废料的方法是不合理的。

第三章　差分方程方法

第一节　差分方程基本理论

一、基本概念

（一）差分

设数列$\{x_n\}$，定义差分算子Δ：$\Delta x_n = x_{n+1} - x_n$为$x_n$在$n$处的向前差分，而$\Delta x_n = x_n - x_{n-1}$为$x_n$在$n$处的向后差分，后文所述的差分指向前差分。可见$\Delta x_n$是$n$的函数，从而可以进一步定义$\Delta x_n$的差分：$\Delta(\Delta x_n) = \Delta^2 x_n$，称为在$n$处的二阶差分，它反映的是增量的增量。类似可定义在$n$处的$k$阶差分为

$$\Delta^k x_n = \Delta\left[\Delta^{k-1}(x_n)\right] \tag{3-1}$$

（二）差分算子、不变算子、平移算子

记$Ex_n = x_{n+1}, Ix_n = x_n$,称$E$为平移算子，$I$为不变算子。则有

$$\Delta x_n = Ex_n - Ix_n = (E-I)x_n,\quad \Delta = E - I$$

由上述关系可得

$$\Delta^k x_n = (E-I)^k x_n = \sum_{i=0}^{k}(-1)^{k-i}\mathrm{C}_k^i E^i x_n = \sum_{i=0}^{k}(-1)^{k-i}\mathrm{C}_k^i x_{n+i} \tag{3-2}$$

这表明x_n在n处的k阶差分由x_n在n，n+1，…，n+k处的取值线性决定。反之，由$\Delta x_n = x_{n+1} - x_n$，$x_{n+1} = x_n + \Delta x_n$得

$$\Delta^2 x_n = x_{n+2} - 2x_{n+1} + x_n,\quad x_{n+2} = -2x_{n+1} + x_n + \Delta^2 x_n \tag{3-3}$$

这个关系表明，第n+2项可以用前两项以及相邻三项增量的增量来表现和计算，即一个数列的任意一项都可以用其前面的k项和包括这项在内的k+1项增量的增量的增量……第k层增量所构成，即

$$\Delta^k x_n = \sum_{i=0}^{k-1}(-1)^{k-i}\mathrm{C}_k^i x_{n+i} + x_{n+k}, \tag{3-4}$$

得

$$x_{n+k} = -\sum_{i=0}^{k-1}(-1)^{k-i}\mathrm{C}_k^i x_{n+i} + \Delta^k x_n \tag{3-5}$$

可以看出，x_n+k 可以由 $x_n,\Delta x_n,\cdots,\Delta^k x_n$ 的线性组合表示出来。

（三）差分方程

由 x_n 以及它的差分所构成的方程

$$\Delta^k y_n=f\left(n,y_n,\Delta y_n,\cdots,\Delta^{k-1}y_n\right) \tag{3-6}$$

称为 k 阶差分方程。

由式（3–2）可知式（3–6）可化为

$$x_{n+k}=F\left(n,x_n,x_{n+1},\cdots,x_{n+k-1}\right),\ \Delta^k x_n=f\left(n,x_n,\Delta x_n,\cdots,\Delta^{k-1}x_n\right) \tag{3-7}$$

故式（3–7）也称为 k 阶差分方程（反映的是未知数列 x_n 任意一项与其前面 k 项之间的关系）。

由式（3–2）和式（3–5）可知，式（3–6）和式（3–7）是等价的。我们经常用的差分方程的形式是式（3–7）。

（四）差分方程的解

如果 x_n 使 k 阶差分方程（3–7）对所有的 n 成立，则称 x_n 为方程（3–7）的解。

如果 $x_n=\bar{x}$（x 为常数）是方程（3–7）的解，即 $\bar{x}=F(n,\bar{x},\cdots,\bar{x})$，则 $x_n=\bar{x}$ 为方程（3–7）的平衡解或平衡点。平衡解可能不止一个。平衡解的基本意义是，设 x_n 是方程（3–7）的解，考虑 x_n 的变化性态，其中之一是极限状况。如果 $\lim\limits_{n\to\infty}x_n=\bar{x}$，则方程（3–7）两边取极限（$\bar{x}$ 就存在于其中），应当有 $\bar{x}=F(n,\bar{x},\cdots,\bar{x})$。

如果方程（3–7）的解 x_n 使得 $x_n=\bar{x}$ 既不是恒正的，也不是恒负的，则称 x_n 为关于平衡点 $\bar{x}$ 是振动解。

如果令 $y_n=x_n-\bar{x}$，则方程（3–7）会变成

$$y_{n+k}=G\left(n,y_n,\cdots,y_{n+k-1}\right) \tag{3-8}$$

则 y=0 成为方程（3–8）的平衡点。

如果方程（3–8）的所有解是关于 y=0 振动的，则称 k 阶差分方程（3–8）是振动方程。如果方程（3–8）有解 y_n，使得对任意大的 N_y 有 $\sup\limits_{n\geqslant N_y}|y_n|>0$，则称 y_n 为正则解（即不会从某项后全为 0）。

如果方程（3–7）的解 x_n 使得 $\lim\limits_{n\to\infty}x_n=\bar{x}$，则称 x_n 为稳定解。

（五）差分算子的若干性质

性质 1　$\Delta\left(\alpha x_n+\beta y_n\right)=\alpha\Delta x_n+\beta\Delta y_n$。

性质 2　$\Delta\left(\frac{x_n}{y_n}\right)=\frac{1}{y_{n+1}y_n}\left(y_n\Delta x_n-x_n\Delta y_n\right)$。

性质 3　$\Delta\left(x_n y_n\right)=y_{n+1}\Delta x_n+x_n\Delta y_n$。

性质 4　$\sum_{k=a}^{b}y_{k+1}\Delta x_k=x_{b+1}y_{b+1}-x_a y_a+\sum_{k=a}^{b}x_k\Delta y_k$。

性质 5　$x_n=E^n x_0=(\Delta+I)^n x_0=\sum_{i=0}^{n}\mathrm{C}_n^i\Delta^i x_0$。

（六）Z 变换

对于数列 x_n，定义复数级数 $X(z)=Z\left(x_n\right)=\sum^{\infty}x_k z^{-k}$，这是关于 z 的洛朗级数。它的收敛域是 $R_1<|z|<R_2$，其中 R_2 可以为 ∞，R_1 可以为 0。称 $Z\left(x_n\right)$ 为 x_n 的 Z 变换。由复数级数展开成洛朗级数的唯一性可知，Z 变换是一一对应的，从而有逆变换，记为 $x_n=Z^{-1}\left[X(z)\right]$。

Z 变换的两条重要性质：

线性质：$Z\left(\alpha x_n+\beta y_n\right)=\alpha Z\left(x_n\right)+\beta Z\left(y_n\right)$。

平移性质：$Z\left(x_{n+N}\right)=z^N\left[X(z)-\sum_{k=0}^{N-1}x_k z^{-k}\right]$。

Z 变换举例：

如果设 $\delta(n)=\begin{cases}\infty, & n=0\\ 0, & n\neq 0\end{cases}$，则 $Z\left[\delta(n)\right]=\sum_{k=0}^{\infty}\delta(k)z^{-k}=\left(1\times z^{-k}\right)\Big|_{k=0}=1$。

如果设 $u(n)=\begin{cases}1, & k\geqslant 0\\ 0, & k<0\end{cases}$，则 $Z\left[u(n)\right]=\sum_{k=0}^{\infty}u(k)z^{-k}=\sum_{k=0}^{\infty}z^{-k}=\frac{z}{z-1},|z|>1$。

设 $f(n)=a^n$，则 $Z\left(a^n\right)=\sum_{k=0}^{\infty}a^k z^{-k}=\frac{z}{z-a},|z|>a,a>0$。

设 $f(n)=\frac{1}{n!}$，则 $Z\left(\frac{1}{n!}\right)=\sum_{k=0}^{\infty}\frac{1}{k!}z^{-k}=\mathrm{e}^{\frac{1}{z}},|z|>0$。

二、常系数线性差分方程的解

称方程

$$a_0x_{n+k}+a_1x_{n+k-1}+\cdots+a_kx_n=b(n) \tag{3-9}$$

为常系数线性方程，其中 $a_0,a_1,\cdots,a_k$ 为常数。

又称方程

$$a_0x_{n+k}+a_1x_{n+k-1}+\cdots+a_kx_n=0 \tag{3-10}$$

为方程（3–9）对应的齐次方程。

如果方程（3–10）有形如 $x_n=\lambda^n$ 的解，代入方程中可得

$$a_0\lambda^k+a_1\lambda^{k-1}+\cdots+a_{k-1}\lambda+a_k=0 \tag{3-11}$$

称方程（3–11）为方程（3–9）和方程（3–10）的特征方程。

显然，如果能求出方程（3–11）的根，则可以得到方程（3–10）的解，基本结果如下：

若方程（3–11）有 k 个不同的实根，则方程（3–10）有通解

$$x_n=c_1\lambda_1^n+c_2\lambda_2^n+\cdots+c_k\lambda_k^n \tag{3-12}$$

若方程（3–11）有 m 重根 λ，则通解中有构成项

$$\left(\overline{c}_1+\overline{c}_2n+\cdots+\overline{c}_mn^{m-1}\right)\lambda^n \tag{3-13}$$

若方程（3–11）有一对单复根 $\lambda=\alpha\pm\mathrm{i}\beta$，$\lambda=\rho\mathrm{e}^{\pm\mathrm{i}\varphi},\rho=\sqrt{\alpha^2+\beta^2}$，$\varphi=\arctan\dfrac{\beta}{\alpha}$，则方程（3–10）的通解中有构成项

$$\left(\overline{c}_1+\overline{c}_2n+\cdots+\overline{c}_mn^{m-1}\right)\lambda^n \tag{3-14}$$

若方程（3–11）有一对单复根 $\lambda=\alpha\pm\mathrm{i}\beta$，令 $\lambda=\rho\mathrm{e}^{\pm i\varphi},\rho=\sqrt{\alpha^2+\beta^2},\varphi=\arctan\dfrac{\beta}{\alpha}$，则方程（3–10）的通解中有构成项

$$\overline{c}_1\rho^n\cos\varphi n+\overline{c}_2\rho^n\sin\varphi n \tag{3-15}$$

若有 m 重复根 $\lambda=\alpha\pm\mathrm{i}\beta,\lambda=\rho\mathrm{e}^{\pm i\varphi}$，则方程（3–10）的通项中有构成项

$$\left(c_1+\overline{c}_2n+\cdots+\overline{c}_mn^{m-1}\right)\rho^n\cos\varphi n+\left(c_{m+1}+\overline{c}_{m+2}n+\cdots+\overline{c}_{2m}n^{m-1}\right)\rho^n\sin\varphi n$$

综上所述，由于方程（3–11）恰有 k 个根，从而构成方程（3–10）的通解中必有 k 个独立的任意常数。通解可记为 $\overline{x}_n$，如果能得到方程（3–9）的一

个特解 x_n^*，则（3–9）必有通解 $x_n=\bar{x}_n+x_n^*$，方程（3–9）的特解可通过待定系数法来确定。

例如，如果 $b(n)=b^n p_m(n), p_m(n)$ 为 n 的多项式，则当 b 不是特征根时，可设成形如 $b^n q_m(n)$ 形式的特解，其中 $b^n q_m(n)$ 为 m 次多项式；如果 b 是 r 重根时，可设特解 $b^n n^r q_m(n)$，将其代入方程（3–9）中确定出系数即可。

三、差分方程的 Z 变换解法

对差分方程两边关于 x_n 取 Z 变换，利用 x_n 的 Z 变换 $F(z)$ 来表示出 x_{n+k} 的 Z 变换，然后通过解代数方程求出 $F(z)$，并把 $F(z)$ 在 $z=0$ 的解析圆环域中展开成洛朗级数，其系数就是所要求的 x_n。

例 设差分方程 $x_{n+2}+3x_{n+1}+2x_n=0, x_0=0, x_1=1$，求 x_n。

解法 1 特征方程 $\lambda^2+3\lambda+2=0$，有根 $\lambda_1=-1, \lambda_2=-2$，故

$$x_n=c_1(-1)^n+c_2(-2)^n \tag{3–16}$$

为方程的解。由条件 $x_0=0, x_1=1$ 得 $x_n=(-1)^n-(-2)^n$。

解法 2 设 $F(z)=Z\left(x_n\right)$，方程两边取变换可得

$$z^2\left(F(z)-x_0-x_1\cdot\frac{1}{z}\right)+3z\left[F(z)-x_0\right]+2F(z)=0 \tag{3–17}$$

由条件 $x_0=0, x_1=1$ 得 $F(z)=\dfrac{z}{z^2+3z+2}$，由 $F(z)$ 在 $|z|>2$ 解析，有

$$F(z)=z\left(\frac{1}{z+1}-\frac{1}{z+2}\right)=\frac{1}{1+\dfrac{1}{z}}-\frac{1}{1+\dfrac{2}{z}}$$

$$=\sum_{k=0}^{\infty}(-1)^k\frac{1}{z^k}-\sum_{k=0}^{\infty}(-1)\frac{2^k}{z^k}=\sum_{k=0}^{\infty}(-1)^k\left(1-2^k\right)z^{-k} \tag{3–18}$$

所以，$x_n=(-1)^n-(-2)^n$。

四、一阶常数系数线性差分方程组

设 $\boldsymbol{z}(n)=\begin{pmatrix}x_n\\ y_n\end{pmatrix}, \boldsymbol{A}=\begin{pmatrix}a & b\\ c & d\end{pmatrix}$，形成向量方程组

$$\boldsymbol{z}(n+1)=\boldsymbol{A}z(n) \tag{3–19}$$

则

$$z(n+1)=A^n z(1)\text{。} \quad (3\text{–}20)$$

式（3–20）即为方程（3–19）的解。

为了具体求解（3–20），需要求出 A^n，这可以用高等代数的方法计算。常用的方法有以下两种：

①如果 A 为正规矩阵，则 A 必可相似于对角矩阵，对角线上的元素就是 A 的特征值，相似变换矩阵由 A 的特征向量构成：

$$A=p^{-1}\Lambda p,\ A^n=p^{-1}\Lambda^n p,\ z(n+1)=\left(p^{-1}\Lambda^n p\right)z(1) \quad (3\text{–}21)$$

②将 A 分解成 $A=\zeta\eta\eta^{\mathrm{T}},\zeta,\eta$ 为列向量，则有

$$A^n=\left(\zeta\cdot\eta^{\mathrm{T}}\right)^n=\zeta\cdot\eta^{\mathrm{T}}\cdot\zeta\cdot\eta^{\mathrm{T}}\cdots\zeta\cdot\eta^{\mathrm{T}}=\left(\zeta^{\mathrm{T}}\eta\right)^{n-1}A \quad (3\text{–}22)$$

从而 $z(n+1)=A^n z(1)=\left(\zeta^{\mathrm{T}}\eta\right)^{n-1}Az(1)$。

第二节　差分方程的平衡点及稳定性

一般来说，差分方程的求解是困难的，实际中往往不需要求出差分方程的一般解，而只需要研究它的平衡点及其稳定性即可。

一、一阶线性常系数差分方程

一阶线性常系数差分方程的一般形式为

$$x_{k+1}+ax_k=b,k=0,1,2,\cdots \quad (3\text{–}23)$$

其中 a，b 为常数，它的平衡点是由代数方程 $x_1+ax=b$ 求解得到的，不妨记为 x^*。

如果 $\lim\limits_{k\to\infty}x_k=x^*$，则称平衡点 x^* 是稳定的，否则是不稳定的。

为了便于研究平衡点 x^* 的稳定性问题，一般将其转化为求解方程 $x_{k+1}+ax_k=0$，容易解得 $x_k=(-a)^k x_0$。于是 $x^*=0$ 是稳定的平衡点的充要条件是 $|a|<1$。

二、一阶线性常系数差分方程组

一阶线性常系数差分方程组的一般形式为

$$\boldsymbol{x}(k+1)+\boldsymbol{A}\boldsymbol{x}(k)=0, k=0,1,2,\cdots \tag{3-24}$$

式中：$x(k)$ 为 n 维向量；A 为 $n\times n$ 阶常数矩阵。

它的平衡点 $x^*=0$ 稳定的充要条件是 $\boldsymbol{A}$ 的所有特征根 $|\lambda_i|<1(i=1,2,\cdots,n)$。

对于一阶线性常系数非齐次差分方程组

$$\boldsymbol{x}(k+1)+\boldsymbol{A}\boldsymbol{x}(k)=\boldsymbol{B}, k=0,1,2,\cdots \tag{3-25}$$

三、二阶线性常系数差分方程

二阶线性常系数差分方程的一般形式为

$$x_{k+2}+a_1x_{k+1}+a_2x_k=0, k=0,1,2,\cdots \tag{3-26}$$

其中 a_1,a_2 为常数，它的平衡点 $x^*=0$ 稳定的充要条件是特征方程 $\lambda^2+a_1\lambda+a_2=0$ 的根 λ_1,λ_2 满足 $|\lambda_1|<1,|\lambda_2|<1$。

对于一般的二阶线性常系数差分方程 $x_{k+2}+a_1x_{k+1}+a_2x_k=b$ 的平衡点的稳定性问题同样给出。类似地，也可直接推广到 n 阶线性差分方程的情况。

四、一阶非线性差分方程

阶非线性差分方程的一般形式为

$$x_{k+1}=f(x_k), k=0,1,2,\cdots \tag{3-27}$$

其中 f 为已知函数，其平衡点定义为方程 $x=f(x)$ 的解 x^*。

事实上，将 $f(x_k)$ 在 x^* 处作一阶泰勒展开有

$$x_{k+1}\approx f'(x^*)(x_k-x^*)+f(x^*) \tag{3-28}$$

则 x^* 也是一阶线性差分方程 $x_{k+1}=f'(x^*)(x_k-x^*)+f(x^*)$ 的平衡点，所以，平衡点 x^* 稳定的充要条件是 $|f'(x^*)|<1$。

一般来说，要求微分方程的解析解很困难，下面介绍一些利用微分方程的差分方法来得到问题的数值解。

第三节　连续模型的差分方法

一、一阶常微分方程的差分方法

设一阶常微分方程的定解问题为

$$\begin{cases} y' = f(x,y) \\ y(x_0) = y_0 \end{cases} \tag{3-29}$$

其中 f 为 x,y 的已知函数，且关于 y 满足利普希茨条件，y_0 为给定的初值。

寻求微分方程初值问题（3–29）在一系列离散点 $x_1 < x_2 < \cdots < x_n$ 上的近似值 $y_1, y_2, \cdots, y_n$，的方法即为常微分方程的差分方法。假设步长 $h = x_n - x_{n-1}$ 为常数。在此，我们根据微分的差分方法，即用差商来近似代替微商，再利用“步进式”方法，可以给出求解问题（3–29）的差分方法。

（一）单步欧拉公式

用差商 $\dfrac{y(x_{n+1}) - y(x_n)}{h}$ 近似代替 $y'(x_n) = f[x_n, y(x_n)]$ 中的导数，即可得差分公式

$$y_{n+1} = y_n + hf(x_n, y_n), n = 0,1,2,\cdots \tag{3-30}$$

其精度为 $o(h^2)$ 阶的。

（二）两步欧拉公式

用差商 $\dfrac{y(x_{n+1}) - y(x_{n-1})}{2h}$ 近似代替 $y'(x_n) = f[x_n, y(x_n)]$ 的导数，即可得差分公式

$$y_{n+1} = y_{n-1} + 2hf(x_n, y_n), n = 1,2,\cdots \tag{3-31}$$

两步法需要用到前两步的信息，一般不能自行起步，需先用单步法求出 y_1，其精度为 $o(h^3)$ 阶的。

（三）梯形公式

首先，对方程 $y' = f(x,y)$ 的两边在 $[x_n, x_{n+1}]$ 上求积分，得

$$y\left(x_{n+1}\right)=y\left(x_{n}\right)+\int_{x_{n}}^{x_{n+1}} f[x, y(x)] \mathrm{d} x \tag{3-32}$$

然后，利用积分的梯形公式求解积分：

$$\int_{x_{n}}^{x_{n+1}} f[x, y(x)] \mathrm{d} x \approx \frac{h}{2}\left\{f\left[x_{n}, y\left(x_{n}\right)\right]+f\left[x_{n+1}, y\left(x_{n+1}\right)\right]\right\} \tag{3-33}$$

则有 $y\left(x_{n+1}\right) \approx y\left(x_{n}\right)+\frac{h}{2}\left\{f\left[x_{n}, y\left(x_{n}\right)\right]\right\}+\left\{f\left[x_{n+1}, y\left(x_{n+1}\right)\right]\right\}$，离散化后，可得微分方程的梯形差分公式

$$y_{n+1}=y_{n}+\frac{h}{2}\left[f\left(x_{n}, y_{n}\right)+f\left(x_{n+1}, y_{n+1}\right)\right], n=0,1,2, \cdots \tag{3-34}$$

这是一个隐式格式，计算量较大，一般不单独使用，其精度为 $o\left(h^{3}\right)$ 阶的。

（四）改进欧拉公式

由于单步欧拉公式精度低，但计算量小，矩形公式精度高，但计算量大，为此，将两者综合起来，得到改进的欧拉公式，其精度为 $o\left(h^{3}\right)$ 阶的。

预测：$\bar{y}_{n+1}=y_{n}+h f\left(x_{n}, y_{n}\right), n=0,1,2, \cdots$。

校正：$y_{n+1}=y_{n}+\frac{h}{2}\left[f\left(x_{n}, y_{n}\right)+f\left(x_{n+1}, \bar{y}_{n+1}\right)\right], n=0,1,2, \cdots$。

或写成平均化形式：

$$\begin{cases} y_{p}=y_{n}+h f\left(x_{n}, y_{n}\right) \\ y_{c}=y_{n}+h f\left(x_{n+1}, y_{p}\right) \\ y_{n+1}=\left(y_{p}+y_{c}\right) / 2, n=0,1,2, \cdots \end{cases} \tag{3-35}$$

这种公式更适合于计算机编程。

（五）龙格－库塔方法

设 $y(x)$ 为初值问题（3-29）的准确解，根据微分中值定理，存在 $\eta_{n} \in\left(x_{n}, x_{n+1}\right)$，使

$$y\left(x_{n+1}\right)=y\left(x_{n}\right)+y'\left(\eta_{n}\right) h=y\left(x_{n}\right)+h f\left[\eta_{n}, y\left(\eta_{n}\right)\right] \tag{3-36}$$

其中 $f\left[\eta_{n}, y\left(\eta_{n}\right)\right]$ 为解曲线 $y(x)$ 在区间 $\left[x_{n}, x_{n+1}\right]$ 上的平均斜率，可见，

只要能对平均斜率提供一种近似计算方法，就能得到一种对应的差分格式。由此，如果在区间 $[x_n,x_{n+1}]$ 内多预测几个点的斜率，用它们的加权平均代替平均斜率，则有可能构造精度更高的公式。

讨论有 m 个点的情形，设 m 个点的横坐标为

$$x_n,x_n+a_2h,x_n+a_3h,\cdots,x_n+a_mh \tag{3-37}$$

令

$$\begin{cases}K_1=f(x_n,y_n)\\K_2=f(x_n+a_2h,y_n+b_{21}hK_1)\\K_3=f(x_n+a_3h,y_n+b_{31}hK_1+b_{32}hK_2)\\\vdots\\K_m=f(x_n+a_mh,y_n+b_{m1}hK_1+\cdots+b_{nm-1}hK_{m-1})\\y_{n+1}=y_n+h(c_1K_1+c_2K_2+\cdots+c_mK_m),n=0,1,2,\cdots\end{cases} \tag{3-38}$$

其中 a_i,b_{ij},c_i 都是与 f，n 无关的常数，其值应使上述公式（3–38）的精度尽可能高，该公式称为 m 级龙格 – 库塔公式，简称 R–K 公式。

当 m=2 时，令 a_2=b_{21}=a，有如下的二级 R– K 公式：

$$\begin{cases}K_1=f(x_n,y_n)\\K_2=f(x_n+ah,y_n+ahK_1)\\y_{n+1}=y_n+h(c_1K_1+c_2K_2),n=0,1,2,\cdots\end{cases} \tag{3-39}$$

其中 a,c_1,c_2 为待定的参数。特别地，取 $c_1=c_2=\dfrac{1}{2},a=1,$ 即为改进的欧拉公式；或者取 $c_1=0,c_2=1,a=\dfrac{1}{2}$，称为变形的欧拉公式。

当 m=4 时，同样可以得到一个四阶 R–K 公式。最常用的四阶标准 R–K 公式为

$$\begin{cases}K_1=f(x_n,y_n)\\K_2=f\left(x_n+\dfrac{h}{2},y_n+\dfrac{h}{2}K_1\right)\\K_3=f\left(x_n+\dfrac{h}{2},y_n+\dfrac{h}{2}K_2\right)\\K_4=f(x_n+h,y_n+hK_3)\\y_{n+1}=y_n+\dfrac{h}{6}(K_1+2K_2+2K_3+K_4),n=0,1,2,\cdots\end{cases} \tag{3-40}$$

二、一阶常微分方程组的差分方法

将前面的单个方程中的变量和函数视为向量，相应的差分方法即可用于由多个方程组成的一阶方程组的情形。

对于两个方程的方程组：

$$\begin{cases} y' = f(x,y,z), y(x_0) = y_0 \\ z' = g(x,y,z), z(x_0) = z_0 \end{cases} \tag{3-41}$$

设以 y_n, z_n 表示函数在节点 $x_n = x_0 + nh(n=1,2,\cdots)$ 上的近似值，则有改进的欧拉公式：

预测：

$$\begin{cases} \overline{y}_{n+1} = y_n + hf(x_n, y_n, z_n) \\ \overline{z}_{n+1} = z_n + hg(x_n, y_n, z_n) \end{cases} \tag{3-42}$$

校正：

$$\begin{cases} y_{n+1} = y_n + \dfrac{h}{2}\left[f(x_n, y_n, z_n) + f(x_{n+1}, \overline{y}_{n+1}, \overline{z}_{n+1})\right] \\ z_{n+1} = y_n + \dfrac{h}{2}\left[g(x_n, y_n, z_n) + g(x_{n+1}, \overline{y}_{n+1}, \overline{z}_{n+1})\right] \end{cases} \tag{3-43}$$

四阶 R–K 公式：

$$\begin{cases} y_{n+1} = y_n + \dfrac{h}{6}(K_1 + 2K_2 + 2K_3 + K_4) \\ z_{n+1} = z_n + \dfrac{h}{6}(L_1 + 2L_2 + 2L_3 + L_4), n = 0,1,2,\cdots \end{cases} \tag{3-44}$$

其中

$$\begin{cases} L_1 = g(x_n, y_n, z_n) \\ K_2 = f\left(x_n + \dfrac{h}{2}, y_n + \dfrac{h}{2}K_1, z_n + \dfrac{h}{2}L_1\right) \\ L_2 = g\left(x_n + \dfrac{h}{2}, y_n + \dfrac{h}{2}K_1, z_n + \dfrac{h}{2}L_1\right) \\ K_3 = f\left(x_n + \dfrac{h}{2}, y_n + \dfrac{h}{2}K_2, z_n + \dfrac{h}{2}L_2\right) \\ K_4 = f(x_n + h, y_n + hK_3, z_n + hL_3) \\ L_4 = g(x_n + h, y_n + hK_3, z_n + hL_3) \end{cases} \tag{3-45}$$

其他的公式也都可以类似得到，即相当于同时求解多个一阶方程，从方法上没有本质的区别。

三、高阶常微分方程的差分方法

对于某些高阶方程的定解问题，原则上可以转化为一阶方程组来求解，见如下二阶微分方程的定解问题：

$$\begin{cases} y'' = f(x, y, y') \\ y(x_0) = y_0 \\ y'(x_0) = y_0' \end{cases} \tag{3-46}$$

若令 $z = y'$，则可化为一阶方程组的定解问题：

$$\begin{cases} z' = f(x, y, z) \\ y' = z \\ y(x_0) = y_0 \\ z(x_0) = y_0' \end{cases} \tag{3-47}$$

实际上，式（3–47）可看成式（3–46）的特例，类似地可以得到相应的求解差分公式。

第四节　差分方程模型应用

一、房屋贷款偿还问题

假设个人住房公积金贷款月利率和个人住房商业性贷款月利率如表 3–1 所示。

表3–1　个人住房公积金贷款月利率和个人住房商业性贷款月利率表

贷款年限 / 年	公积金贷款月利率 /%	商业性贷款月利率 /%
1	3.54	4.65
2	3.63	4.875

续　表

贷款年限 / 年	公积金贷款月利率 /%	商业性贷款月利率 /%
3	3.72	4.875
4	3.78	4.95
5	3.87	4.95
6	3.96	5.025
7	4.05	5.025
8	4.14	5.025
9	4.2075	5.025
10	4.275	5.025
11	4.365	5.025
12	4.455	5.025
13	4.545	5.025
14	4.635	5.025
15	4.725	5.025

王先生家要购买一套商品房，需要贷款 25 万元。其中公积金贷款 10 万元，分 12 年还清，商业性贷款 15 万元，分 15 年还清。每种贷款按月等额还款。问：

（1）王先生每月应还款多少？

（2）用列表方式给出每年年底王先生尚欠的款项。

（3）在第 12 年还清公积金贷款，如果他想把余下的商业性贷款一次还清，应还多少？

（一）基本假设和符号说明

假设一 王先生每月都能按时支付房屋贷款所需的偿还款项；

假设二 贷款期限确定之后，公积金贷款月利率 L_1 和商业性贷款月利率 L_2 均不变。

设 y_0 和 z_0 分别为初始时刻公积金贷款数和商业性贷款数，设 B、C 分别为每月应偿还的公积金贷款数和商业性贷款数。因每月偿还的数额相等，故 B、C 均为常数。设 y_k 和 z_k 分别为第 k 个月尚欠的公积金贷款数和商业性贷款数。

（二）建立模型

因为下一个月尚欠的贷款数应该是上一个月尚欠贷款数加上应付利息减去该月的偿还款数，所以有公积金贷款第 k+1 个月尚欠款数为

$$y_{k+1}=\left(1+L_1\right)y_k-B \tag{3-48}$$

由于

$$\begin{aligned}y_{k+1}&=\left(1+L_1\right)y_k-B=\left(1+L_1\right)\left[\left(1+L_1\right)y_{k-1}-B\right]-B\\&=\left(1+L_1\right)^2y_{k-1}-\left[\left(1+L_1\right)+1\right]B=\cdots\\&=\left(1+L_1\right)^{k+1}y_0-\frac{\left(1+L_1\right)^{k+1}-1}{L_1}B\end{aligned} \tag{3-49}$$

则商业性贷款第 k +1 个月尚欠款数为

$$z_{k+1}=\left(1+L_2\right)^{k+1}z_0-\frac{\left(1+L_2\right)^{k+1}-1}{L_2}C \tag{3-50}$$

（三）模型求解

公积金贷款分 12 年还清，这就是说第 $k=12\times12=144$ 个月时还清，即

$$y_{144}=\left(1+L_1\right)^{144}y_0-\frac{\left(1+L_1\right)^{144}-1}{L_1}B=0 \tag{3-51}$$

解得

$$B=\frac{L_1y_0}{1-\left(1+L_1\right)^{-144}} \tag{3-52}$$

用 $y_0=100000$ 元，$L_1=0.004455$ 代入上式，计算得 B=942.34。

同理利用式（3–50）算得每月偿还的商业性贷款数

$$C=\frac{L_2z_0}{1-\left(1+L_2\right)^{-180}} \tag{3-53}$$

用 $z_0=150000$，$L_2=0.005025$ 代入上式，计算得 C=1268.20 元。

从上面的计算结果可知，王先生每月应偿还的贷款数为 B +C=942.34 +

1268. 2 =2210.54 元。在式（3–48）和式（3–50）中取 $k=12n$，$n=1,2,\cdots,15$，可计算出王先生每年底尚欠的贷款数，其结果如表 3–2 所示。

表3–2　王先生每年底尚欠的贷款额

年数	尚欠公积金贷款 / 元	尚欠商业性贷款 / 元	尚欠贷款总额 / 元
1	93890	143653	237543
2	87444	136912	224356
3	80646	129754	210400
4	73475	122151	195626
5	65912	114079	179991
6	57934	105504	163438
7	49518	96398	145916
8	40642	86728	127370
9	31280	76458	107738
10	21404	65552	86956
11	10987	53969	64956
12	0	41669	41669
13	0	28606	28606
14	0	14733	14733
15	0	0	0

若在还清公积金贷款后，王先生把余下的商业性贷款全部一次性还清。由表 3–2 可知在第 12 年年底王先生还要还 41669 元。

（四）模型检验

为了验证模型的正确性，做如下讨论：

由式（3–50）可得

$$y_{k+1}=\frac{\left(1+L_1\right)^k}{L_1}\left(L_1 y_0-B\right)+\frac{B}{L_1} \tag{3-54}$$

（1）当 $B > L_1 y_0$，即每月偿还数大于贷款数的月息时，有

$$\lim_{k\to\infty} y_k = -\infty \tag{3-55}$$

这表示对于足够大的 k 能还清贷款。

（2）当 $B = L_1 y_0$，$y_k = \frac{B}{L_1} = y_0$，即每月只付利息的话，所欠贷款数始终是初始贷款数。

（3）当 $B > L_1 y_0$ 时，即每月偿还数不少于月息，则

$$\lim_{k\to\infty} y_k = \infty \tag{3-56}$$

此时，所欠款数将逐月无限增大，可见所建模型与实际情况相符。

二、国民收入的稳定问题

国民收入的分配是影响国家和社会经济发展的重要问题。国民收入的分配主要包括三方面：消费基金、投入再生产的积累基金和政府用于公共设施的开支。若消费基金比例过高，将影响社会再生产，从而影响下一年度国民收入的增长，当然同时也影响公共设施的建设；若积累基金比例过大，则会影响当前人们的生活水平。因此有必要从国民收入的稳定出发，合理分配国民收入。

（一）基本假设和符号说明

假定国民收入只用于消费、再生产和公共设施开支三方面。

x_k 表示第 k 个周期（第 k 年）的国民收入水平；

C_k 表示第 k 个周期内的消费水平；

s_k 表示第 k 个周期内用于再生产的投资水平；

g 表示政府用于公共设施的开支，设为常量。

（二）模型建立

根据以上假设，有

$$x_k = C_k + s_k + g \tag{3-57}$$

又由于 C_k 的值由前一周期的国民收入水平确定，即

$$C_k = a x_{k-1} \tag{3-58}$$

其中 a 为常数，$0<a<1$。s_k 取决于消费水平的变化，即

$$s_k = b\left(C_k - C_{k-1}\right) \tag{3-59}$$

其中 $b>0$ 为常数。将式（3–58）、式（3–59）代入式（3–57）得

$$x_k = ax_{k-1} + b\left(C_k - C_{k-1}\right) + g = ax_{k-1} + abx_{k-1} - abx_{k-2} + g \tag{3-60}$$

即

$$x_k - a(1+b)x_{k-1} + abx_{k-2} = g \tag{3-61}$$

式（3–61）是一个递推式的差分方程，利用该式及 k–1，k–2 周期（年度）的有关数据，可以预测第 k 个周期的国民收入水平。反复利用式（3–61）可以预测指定周期的国民收入水平，从而反映经济发展趋势。

（三）模型结果与分析

下面利用差分方程的稳定性理论研究保持国民收入稳定的条件。式（3–61）是一阶常系数非齐次差分方程，其对应的齐次差分方程为

$$x_k - a(1+b)x_{k-1} + abx_{k-2} = 0 \tag{3-62}$$

特征方程为

$$\lambda^2 - a(1+b)\lambda + ab = 0 \tag{3-63}$$

判别式为 $\Delta = a^2(1+b)^2 - 4ab$ 。这里只讨论 $\Delta < 0$ 的情况（ $\Delta > 0$ 的情况比较复杂）。

当 $\Delta = a^2(1+b)^2 - 4ab < 0$ 时，特征方程式（3–63）有一对共轭复根

$$\lambda = \frac{a(1+b) \pm \sqrt{4ab - a^2(1+b)^2}\,\mathrm{i}}{2} \tag{3-64}$$

记 $\lambda = \rho e^{\pm i\varphi}$ ，其中 $\rho = \sqrt{ab}, \varphi = \arctan\dfrac{\sqrt{4ab - a^2(1+b)^2}}{a(1+b)}$ ，可得齐次差分方程式（3–62）的通解为

$$x_k = (\sqrt{ab})^k\left(A_1 \cos k\varphi + A_2 \sin k\varphi\right) \tag{3-65}$$

其中 A_1，A_2 为任意常数。

由于 $0<a<1, b>0$ ，所以 0 不是特征根，故非齐次差分方程式（3–61）的特解可设为 $x_k^* = c$ ，c 为常数，代入式（3–61）得

$$c[1 - a(1+b) + ab] = g \tag{3-66}$$

因为 0<a < 1，可解得 $c=\dfrac{g}{1-a}$。由此可得方程式（3–22）的通解为

$$x_k=(ab)^{k/2}\left[A_1\cos k\varphi+A_2\sin k\varphi\right]+\frac{g}{1-a} \tag{3–67}$$

利用式（3–67），考虑当 k 增加时，x_k 的发展趋势。由差分方程稳定性理论可知，当特征根的模 ρ<1 即 ab< 1 时，差分方程的解是稳定的，否则是不稳定的。

实际上，由式（3–67）也可看出，对任何 k，$\cos(k\varphi),\sin(k\varphi)$ 均为有界值，$\dfrac{g}{1-a}$ 是常量，因此 x_k 的变化主要取决于 ab 的值。当 $ab<1$ 时，$(ab)^{\frac{t}{2}}\to 0,k\to\infty$；当 $ab>1$ 时，$(ab)^{\frac{k}{2}}\to\infty,k\to\infty$。这样，当 $a^2(1+b)^2<4ab$ 时，x_k 的变化趋势有两种：

（1）当 $ab<1,k\to+\infty$ 时，则 $x_k\to\dfrac{g}{1-a}$，即国民收入趋于稳定；

（2）当 $ab>1,k\to+\infty$，则 x_k 振荡，振幅增加且不存在极限值，国家经济出现不稳定局面。

综上所述，我们可以根据 $\dfrac{1}{4}a^2(1+b)^2<ab<1$ 是否成立来预测经济发展趋势。其中 a、b 的数值需通过国家周期（如年度）统计数据来确定。下面举例说明：

（1）设 $a=\dfrac{1}{2},b=1,g=1,x_0=2,x_1=3$。因为 $ab=\dfrac{1}{2}<1$ 且 $\dfrac{1}{4}a^2(1+b)^2=$ 0.25<ab，所以经济处于稳定状态。事实上，利用式（3–67）可以算出 $x_2=3,x_3=2.5,x_4=2,x_5=1.75,x_6=1.75,x_7=1.875$，$x_8=2,x_9=2.0625,x_{10}=2.0625,$ $x_{11}=2.03125$，$\max\limits_{0\leqslant i,j\leqslant 11}\left|x_i-x_j\right|=3-1.75=1.25$。

即国民收入的波动不超过 1. 25 单位。在此例中，$x_1=3,c_1=ax_0=0.5\times 2=1,$ $g=1,s_1=x_1-c_1-g=1$。这说明在国民收入中，在 a，b 确定的情况下，消费、再生产投资及公共开支各占三分之一的比例是比较适宜的。

（2）设 $a=0.8,b=2,g=1,x_0=2,x_1=a^2(1+b)^2-4ab=-0.64<0,ab=1.6$。当 $k\to+\infty$ 时，x_k 的振幅无限增大，经济出现不稳定的局面。事实上，利用式（3–67）可以算出 $x_2=5.0,x_3=8.2,x_4=12.68,x_5=18.312,x_6=24.661x_7=30.887,$，$x_8=35.671,x_9=37.191$。

$x_0, x_1, \cdots, x_9$ 的值表明国民收入的波动已远远超过两个单位。相应地，它不具有稳定性。它是否会在以后的周期内达到稳定需要继续计算，得 $x_{10} = 33.186, x_{11} = 21.140,\ x_{12} = -1.362$，当 x_i 的值为负值时，表示国家经济危机已经到来。

三、染色体遗传模型

在常染色体遗传中，后代从每个亲体的基因对中各继承一个基因，形成自己的基因对，基因对也称为基因型。如果所考虑的遗传特征是由两个基因 A 和 a 控制的，那么就有三种基因对，记为 AA、Aa、aa。如金鱼草由两个遗传基因决定花的颜色，基因型是 AA 的金鱼草开红花，Aa 型的开粉红色花，而 aa 型的开白花。又如人类眼睛的颜色也是通过常染色体遗传控制的：基因型是 AA 或 Aa 的人，眼睛为棕色；基因型是 aa 的人，眼睛为蓝色。这里因为 AA 和 Aa 都表示了同一外部特征，我们认为基因 A 支配基因 a，也可以认为基因 a 对于 A 来说是隐性的。当一个亲体的基因型为 Aa，而另一个亲体的基因型是 aa 时，那么后代可以从 aa 型中得到基因 a，从 Aa 型中或得到基因 A 或得到基因 a。这样，后代基因型为 Aa 或 aa 的可能性相等。下面给出双亲基因型所有可能的结合及其后代形成每种基因型的概率，如表 3–3 所示。

表3–3　双亲基因型及后代各种基因的概率

概率		双亲体基因型					
		AA–AA	Aa–AA	aa–AA	Aa–Aa	aa–Aa	aa–aa
后代基因型	AA	1	1/2	0	1/4	0	0
	Aa	0	1/2	1	1/2	1/2	0
	Aa	0	0	0	1/4	1/2	1

某农场的植物园中某种植物的基因型为 AA、Aa 和 aa。农场计划采用 AA 型的植物与每种基因型植物相结合的方案培育植物后代。那么经过若干年后，这种植物的任一代的三种基因型分布如何？

（一）基本假设和符号说明

（1）设 a_n，b_n 和 c_n 分别表示第 n 代植物中基因型为 AA、Aa 和 aa 的植物占植物总数的百分比。令 $\boldsymbol{x}^{\{n\}}$ 为第 n 代植物的基因型分布，$\boldsymbol{x}^{(n)}=\left[a_n,b_n,c_n\right]^{\mathrm{T}}$，$n=0,1,2,\cdots$。当 n=0 时，有

$$\boldsymbol{x}^{(0)}=\left[a_0,b_0,c_0\right]^{\mathrm{T}} \tag{3-68}$$

表示植物基因的初始分布（即培育开始时的分布），显然有

$$a_0+b_0+c_0=1 \tag{3-69}$$

（2）第 n 代的分布与第 n–1 代的分布之间的关系是通过表 3–3 确定的。

（二）模型建立

根据假设（2），先考虑第 n 代中的 AA 型。由于第 n–1 代的 AA 型与 AA 型结合，后代全部是 AA 型；第 n–1 代的 AA 型与 Aa 型结合，后代是 AA 型的可能性为 1/2；而第 n–1 代的 aa 型与 AA 型结合，后代不可能是 AA 型。因此当 n=1，2，…时，

$$a_n=a_{n-1}+\frac{1}{2}b_{n-1}+0c_{n-1} \tag{3-70}$$

即 $a_n=a_{n-1}+\frac{1}{2}b_{n-1}$。类似可推出

$$\begin{cases} b_n=\frac{1}{2}b_{n-1}+c_{n-1} \\ c_n=0 \end{cases} \tag{3-71}$$

将式（3–70）和式（3–71）相加，得

$$a_n+b_n+c_n=a_{n-1}+b_{n-1}+c_{n-1} \tag{3-72}$$

根据假设（1），有

$$a_n+b_n+c_n=a_0+b_0+c_0=1 \tag{3-73}$$

对于式（3–70）和式（3–71），采用矩阵形式简记为

$$\boldsymbol{x}^{(n)}=\boldsymbol{M}\boldsymbol{x}^{(n-1)} \tag{3-74}$$

其中

$$\boldsymbol{M}=\begin{bmatrix} 1 & 1/2 & 0 \\ 0 & 1/2 & 1 \\ 0 & 0 & 0 \end{bmatrix} \tag{3-75}$$

由式（3–74）递推，得

$$\boldsymbol{x}^{(n)}=\boldsymbol{M}\boldsymbol{x}^{(n-1)}=\boldsymbol{M}^2\boldsymbol{x}^{(n-2)}=\cdots=\boldsymbol{M}^n\boldsymbol{x}^{(0)} \tag{3–76}$$

式（3–76）给出第 n 代基因型的分布与初始分布的关系。

（三）模型结果与分析

```
% 定义符号变量
syms n a0 b0 c0
% 定义符号矩阵 M
M = sym('[1,1/2,0;0,1/2,1;0,0,0]')
% 计算特征值与特征向量，一般情形下可实现矩阵对角化
[P，Lambda ]= eig（M）;
% 由 P（-1）*M* P= Lambda 可计算出 M' n=P * Lambda^n* P（- 1），从而可计算出 x：
x=P* Lambda. ^n* P（-1）*[ _a0 ; b0 ; c0_ ];
x= simplify（x）
```

求得

$$\begin{cases} a_n=1-\left(\dfrac{1}{2}\right)^n b_0-\left(\dfrac{1}{2}\right)^{n-1} c_0 \\ b_n=\left(\dfrac{1}{2}\right)^n b_0+\left(\dfrac{1}{2}\right)^{n-1} c_0 \\ c_n=0 \end{cases} \tag{3–77}$$

当 $n\to\infty$ 时，$\left(\dfrac{1}{2}\right)^n\to 0$，所以从式（3–30）得到 $a_n\to 1$，$b_n\to 0$，$c_n=0$。即在极限的情况下，培育的植物都是 AA 型。

（四）模型讨论

若在上述问题中，不选用基因 AA 型的植物与每一植物结合，而是将具有相同基因型的植物相结合，那么后代具有三种基因型的概率如表 3–4 所示。

表3-4 具有三种基因型的概率

后代基因型	父体 – 母体的基因型		
	AA–AA	Aa–Aa	aa–aa
AA	1	1/4	0
Aa	0	1/2	0
aa	0	1/4	1

并且 $x^{(n)}=\boldsymbol{M}^n\boldsymbol{x}^{(0)}$，其中

$$\boldsymbol{M}=\begin{bmatrix}1 & 1/4 & 0\\0 & 1/2 & 0\\0 & 1/4 & 1\end{bmatrix} \tag{3-78}$$

编写如下 MATLAB 程序：

```
Syms  n a0 b0 c0
M=sym（‘[1，1/4，0；0，1/2，0；0，1/4. 1]’）；
[P，Lambda]= eig（M）；
x=P* Lambda，^n* P（–1）* [a0；b0；c0，]；
x= simplify（x）
```

求得

$$\begin{cases}a_n=a_0+\left[\dfrac{1}{2}-\left(\dfrac{1}{2}\right)^{n+1}\right]b_0\\b_n=\left(\dfrac{1}{2}\right)^n b_0\\c_n=c_0+\left[\dfrac{1}{2}-\left(\dfrac{1}{2}\right)^{n+1}\right]b_0\end{cases} \tag{3-79}$$

当 $n\to\infty$ 时，$a_n\to a_0+\dfrac{1}{2}b_0,b_n\to 0,c_n\to c_0+\dfrac{1}{2}b_0$。因此，如果用基因型相同的植物培育后代，在极限情况下，后代仅具有基因型 AA 和 aa。

四、按年龄分布的人口模型

如果要讨论在不同时间人口的年龄分布，可以借助差分方程建立一个简单的离散人口增长模型。这个向量形式的差分方程是 Leslie 在 20 世纪 40 年代用来描述女性人口变化规律的，虽然这个模型仅考虑女性人口的发展变化，但是一般男女人口的比例变化不大。因此，这个模型也适用于描述整个人群的人口变化规律。

（一）模型假设

（1）假设男女人口的性别比为 1 ∶ 1，因此可以仅考虑女性人口的发展变化；

（2）不考虑同一时间间隔内人口数量的变化；

（3）不考虑生存空间等自然资源的制约，也不考虑意外灾难等因素对人口变化的影响；

（4）生育率和死亡率仅与年龄段有关且不随时间发生变化。

（二）模型建立

根据假设（1），将女性人口按年龄大小等间隔地划分成 m 个年龄组（如每隔 1 岁为一组），对时间也加以离散化，其单位与年龄组的间隔相同。时间离散化为 t=0，1，2，…。设在时间段 t 第 i 年龄组的人口总数为 $x_1(t),\quad i=1,2,\cdots,m,$ 定义向量 $\boldsymbol{x}(t)=\left[x_1(t),x_2(t),\cdots,x_m(t)\right]^{\mathrm{T}}$ 为女性人口在时刻 t 的分布情况。

设第 i 年龄组的生育率为 b_i，即 b_i 是单位时间第 i 年龄组的每个女性平均生育女儿的人数；第 i 年龄组的死亡率为 d_i，即 d_i 是单位时间第 i 年龄组女性死亡人数与总人数之比，$s_i=1-d_i$ 称为存活率。根据上述假设，可建立如下形式的差分方程模型：

$$\begin{cases} x_1(t+1)=\sum\limits_{i=1}^{m} b_i x_i(t) \\ x_{i+1}(t+1)=s_i x_i(t),\quad i=1,2,\cdots,m-1 \end{cases} \tag{3-80}$$

将上述方程组写成矩阵形式如下：

$$\boldsymbol{x}(t+1)=\boldsymbol{L}\boldsymbol{x}(t) \tag{3-81}$$

其中

$$L=\begin{bmatrix} b_1 & b_2 & \cdots & b_{m-1} & b_m \\ s_1 & 0 & & & 0 \\ 0 & s_2 & & & \vdots \\ & & \ddots & & \\ 0 & & 0 & s_{m-1} & 0 \end{bmatrix} \tag{3-82}$$

上式称为 Leslie 矩阵。$\boldsymbol{L}$ 中的元素满足如下条件：

（1）$s_1>0,i=1,2,\cdots,m-1$ 。

（2）$b_i \geqslant 0,i=1,2,\cdots,m,$ 且至少一个 $b_i>0$ 。

（三）模型求解

假设初始时刻女性人口分布 x（0），矩阵 $\boldsymbol{L}$ 通过统计以往资料得到，则对任意的 t=1，2，⋯有

$$\boldsymbol{x}(t)=\boldsymbol{L}^t x(0) \tag{3-83}$$

还可通过下述定理，研究人口年龄结构的长远变化趋势。

定理 1 矩阵 $\boldsymbol{L}$ 有唯一的单重的正的特征根 $\lambda=\lambda_0$，且对应的一个特征向量为

$$\boldsymbol{x}^*=\left[1,s_1/\lambda_0,s_1s_2/\lambda_0^2,\cdots,s_1s_2\cdots s_{m-1}/\lambda_0^{m-1}\right]^{\mathrm{T}} \tag{3-84}$$

定理 2 若 $\boldsymbol{L}$ 第一行中至少有两个连续的 b_i,b_{i+1}大于0，则

（1）若 λ_1 是矩阵 $\boldsymbol{L}$ 的任意一个特征根，则必有 $|\lambda_1|<\lambda_0$；

（2）$\lim\limits_{t\to+\infty}\boldsymbol{x}(t)/\lambda_0^t=c\boldsymbol{x}^*$，其中 c 是与 x（0）有关的常数。

由定理 2 的结论易得，当 t 充分大时，有

$$\boldsymbol{x}(t)\approx c\lambda_0^t\boldsymbol{x}^* \tag{3-85}$$

这表明时间 t 充分长后，年龄分布向量趋于稳定，即各年龄组人数 $x_i(t)$ 占总数 $\sum\limits_{i=1}^{n}x_i(t)$ 的百分比几乎等于特征向量 $\boldsymbol{x}^*$ 中相应分量占分量总和的百分比。

（四）结果分析

当时间充分长时，女性人口的年龄结构向量趋于稳定状态，即年龄结构趋于稳定，且各个年龄组的人口数近似地按 λ_0-1 的比例增长。由式（3-85）

可得到如下结论：

（1）当 $\lambda_0>1$ 时，人口数是递增的。

（2）当 $\lambda_0<1$ 时，人口数是递减的。

（3）当 $\lambda_0=1$ 时，人口数是稳定的。记

$$R=b_1+b_2s_1+\cdots+b_ms_1s_2\cdots s_{m-1} \tag{3-86}$$

R 表示每个妇女一生中所生女孩的平均数，称为净增长率。当 $R>1$ 时，人口递增；当 $R<1$ 时，人口递减。

第四章　优化建模方法

第一节　线性规划方法建模

一、线性规划问题的数学模型

通过两个例子了解线性规划问题。

例 某工厂生产甲、乙两种产品，每件产品的利润、所消耗的材料、工时及每周的材料限额和工时限额见表4-1，另外，市场对甲种产品每周的最大需求量是4件。问如何安排生产，使每周获得的利润最大？

表4-1　产品的消耗与收益

项　目	甲	乙	限　额
材料	3	2	16
工时	5	1	15
利润 / 元·件$^{-1}$	5	2	—

解 这是一个生产计划安排问题，可用如下数学模型描述。设每周生产甲、乙两种产品分别为 x_1 件和 x_2 件，每周的利润为 z，则有

$$z = 5x_1 + 2x_2 \tag{4-1}$$

上式为目标函数，变量 x_1 和 x_2 是需要确定的，称为决策变量。

囿于资源限额和市场需求，x_1，x_2 需要满足

$$3x_1 + 2x_2 \leqslant 16,\quad 5x_1 + 2x_2 \leqslant 15,\quad x_1 \leqslant 4,\quad x_1 \geqslant 0,\quad x_2 \geqslant 0 \tag{4-2}$$

式（4-2）称为约束条件。这样，整个问题就化为在式（4-2）之下，确定决策变量 x_1 和 x_2 的取值，使得目标函数 $z = 5x_1 + 2x_2$ 最大，简写为

$$\max z = 5x_1 + 2x_2 \tag{4-3}$$

$$\text{s.t.}\begin{cases} 3x_1 + 2x_2 \leqslant 16 \\ 5x_1 + 2x_2 \leqslant 15 \\ x_1 \leqslant 4 \\ x_1 \geqslant 0, x_2 \geqslant 0 \end{cases} \tag{4-4}$$

例 假设某种物资有 m 个产地，n 个销地，a_i 表示第 i 个产地，$i=1,2,\cdots,m;b_j$ 表示第 j 个销地，$j=1,2,\cdots,n$。从产地 i 运往销地 j 的单位运价为 C_{ij}。问如何安排运输，使得总运费最小？

解 设 x_{ij} 是从产地 i 运往销地 j 的运输量，则上述问题可以建立数学模型

$$\max z=\sum_{i=1}^{m}\sum_{j=1}^{n}c_{ij}x_{ij} \tag{4-5}$$

$$\text{s.t.}\begin{cases}\sum\limits_{i=1}^{m}x_{ij}\leqslant a_i, & i=1,2,\cdots,m\\ \sum\limits_{j=1}^{n}c_{ij}\leqslant b_j, & j=1,2,\cdots,n\\ x_{ij}\geqslant 0, & i=1,2,\cdots,m,j=1,2,\cdots,n\end{cases} \tag{4-6}$$

式（4-6）称为运输问题的一般数学模型。可以看出，上述两个问题都是研究在一组线性约束之下，某个函数的最大值或者最小值问题，这类问题称为线性规划问题。

二、线性规划问题的标准型

线性规划问题有不同的形式，目标函数可以最大化或最小化；约束条件可以是“≤”，也可以是“≥”，还可以是“=”；决策变量可以非负，也可以无符号限制，还可以是整数。归纳起来，线性规划问题的数学模型的一般形式为

$$\min(\max)z=c_1x_1+c_2x_2+\cdots+c_nx_n \tag{4-7}$$

$$\text{s.t.}\begin{cases}a_{11}x_1+a_{12}x_2+\cdots+a_{1n}x_n\leqslant(=,\geqslant)b_1\\ a_{21}x_1+a_{22}x_2+\cdots+a_{2n}x_n\leqslant(=,\geqslant)b_2\\ \vdots\\ a_{m1}x_1+a_{m2}x_2+\cdots+a_{mn}x_n\leqslant(=,\geqslant)b_m\\ x_j\geqslant 0, \quad j=1,2,\cdots,n\end{cases} \tag{4-8}$$

式中：$x_1,x_2,\cdots,x_n$ 称为决策变量；$z=c_1x_1+c_2x_2+\cdots+c_nx_n$ 称为目标函数；$a_{i1}x_1+a_{i2}x_2+\cdots+a_{in}x_n\leqslant(=,\geqslant)b_i(i=1,2,\cdots,m)$ 称为约束条件；常数 $C_1,C_2,\cdots,C_n$ 称为费用系数；$x_j\geqslant 0(j=1,2,\cdots,n)$ 称为决策变量的非负约束，大多数情况下决策变量要求非负，但也可以小于等于 0 或无限制。

为了研究方便，规定线性规划的标准型为

$$\min z = c_1x_1 + c_2x_2 + \cdots + c_nx_n \tag{4-9}$$

$$\text{s.t.}\begin{cases} a_{11}x_1 + a_{12}x_2 + \cdots + a_{1n}x_n = b_1 \\ a_{21}x_1 + a_{22}x_2 + \cdots + a_{2n}x_n = b_2 \\ \vdots \\ a_{m1}x_1 + a_{m2}x_2 + \cdots + a_{mn}x_n = b_m \\ x_j \geqslant 0, \quad j = 1,2,\cdots,n \\ b_i \geqslant 0, \quad i = 1,2,\cdots,m \end{cases} \tag{4-10}$$

如果令 $\boldsymbol{A} = \begin{bmatrix} a_{11} & a_{12} & \cdots & a_{1n} \\ a_{21} & a_{22} & \cdots & a_{2n} \\ \vdots & \vdots & & \vdots \\ a_{n1} & a_{n2} & \cdots & a_{m} \end{bmatrix}$，$\boldsymbol{b} = \begin{pmatrix} b_1 \\ b_2 \\ \vdots \\ b_n \end{pmatrix}, \boldsymbol{x} = \begin{pmatrix} x_1 \\ x_2 \\ \vdots \\ x_n \end{pmatrix}, \boldsymbol{c} = (c_1, c_2, \cdots, c_n)$，线性规划的标准型可简写为

$$\min z = \boldsymbol{cx} \tag{4-11}$$

$$\boldsymbol{Ax} = \boldsymbol{b} \tag{4-12}$$

$$\boldsymbol{x} \geqslant 0 \tag{4-13}$$

其中，$\boldsymbol{A}$ 为约束方程组的系数矩阵，rank（$\boldsymbol{A}$）=m，$0<m<n$；$\boldsymbol{b}$ 称为右端向量，标准型要求 $\boldsymbol{b} \geqslant 0$，若有 $\boldsymbol{b}_i<0$，只要在该约束方程两边同乘以 −1 即可。任何线性规划模型可等价地转换为标准形式：

（1）目标函数的转换：max cx 可以转换为 min（$-cx$）；

（2）约束条件的转换：

若约束条件是不等式 $\sum_{j=1}^{n} a_{ij}x_j \leqslant b_i$，则引进非负的松弛变量，转换为

$$\begin{cases} \sum_{j=1}^{n} a_{ij}x_j + x_{n+i} = b_i \\ x_{n+i} \geqslant 0 \end{cases} \tag{4-14}$$

若约束条件是不等式 $\sum_{j=1}^{n} a_{ij}x_j \geqslant b_i$，则引进非负的剩余变量，转换为

$$\begin{cases} \sum_{j=1}^{n} a_{ij}x_j - x_{n+i} = b_i \\ x_{n+i} \geqslant 0 \end{cases} \tag{4-15}$$

（3）变量的非负约束。

若某个变量的约束为 $x_j \leqslant 0$，则可令 $x_j' = -x_j$，于是 $x_j' \geqslant 0$；

若某个变量 x_j 没有约束，则可令 $x_j = x_j' - x_j''$，于是 $x_j' \geqslant 0, x_j'' \geqslant 0$。

三、线性规划问题解的概念

针对线性规划问题的标准型（4–11）～（4–13），给出如下解的概念：

定义 1 可行解：满足约束条件（4–12）和（4–13）的解 $x = \left(x_1, x_2, \cdots, x_n\right)^{\mathrm{T}}$ 称为可行解。

最优解：满足式（4–11）的可行解称为最优解。

基：设系数矩阵 $\boldsymbol{A}_{m \times n}$ 的秩为 m，$\boldsymbol{B}$ 是矩阵 $\boldsymbol{A}$ 的 m 阶非奇异子矩阵，则称 $\boldsymbol{B}$ 是线性规划问题的一个基。

基向量和非基向量：基 $\boldsymbol{B}$ 中的列向量称为基向量，则有 m 个基向量；矩阵 $\boldsymbol{A}$ 中除基 $\boldsymbol{B}$ 之外的各列即为非基向量，则有 $n-m$ 个非基向量。

基变量和非基变量：与基向量 $\boldsymbol{P}_j$ 对应的决策变量 x_j 称为基变量，否则称为非基变量。

基本解：令所有的非基变量取值为 0，得到满足约束条件（4–12）的解，称为相应于 $\boldsymbol{B}$ 的基本解。

基本可行解和可行基：满足约束条件（4–13）的基本解称为基本可行解，相应的基 $\boldsymbol{B}$ 称为可行基。

基本最优解和最优基：满足式（4–11）的基本可行解称为基本最优解，相应的基 $\boldsymbol{B}$ 称为最优基。

退化的基本可行解：基变量含有 0 分量基本可行解称为退化的基本可行解。

关于线性规划问题几种解的关系，可用图 4–1 表示。

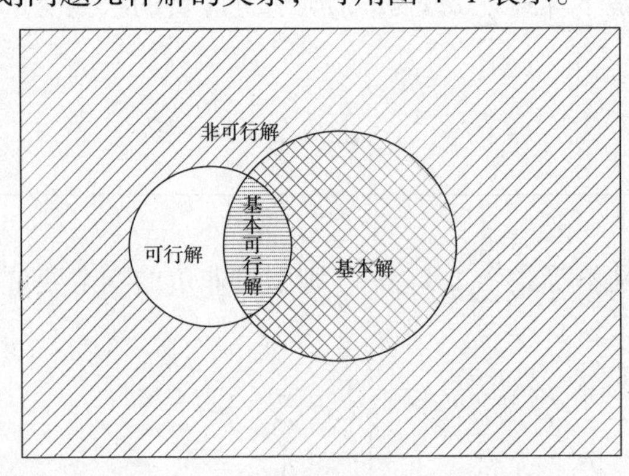

图 4–1 线性规划问题几种解的关系

四、线性规划的基本定理

下面给出线性规划的几个基本定理：

定理 1 线性规划问题的可行域是凸集。

定理 2 线性规划问题的基本可行解对应于可行域的顶点。

定理 3 若可行域有界，线性规划问题的目标函数一定可以在可行域的某顶点达到最优。另外，若可行域无界，线性规划问题可能有最优解，也可能没有最优解。若有最优解，必在某顶点达到。

因此，对于两个变量的线性规划问题，可以使用图解法；基于线性规划的基本定理，采用“枚举法”找出所有基本可行解，并逐一比较，一定可以找到最优解，但是当决策变量个数较多时，这种方法是行不通的。

五、线性规划模型求解的单纯形法

单纯形法是求解线性规划问题的最有效的方法，是一种迭代算法，其基本思想是根据问题的标准型首先找到一个基本可行解，检验它是否为最优解。如果不是，再找一个使目标函数有所改进的基本可行解，进行检验。反复迭代，直至找到最优解，或者判断问题有无最优解。

第一步：把线性规划问题的一般形式化为标准型。

第二步：将标准型化为如下形式的基本形式。由于 rank（$\boldsymbol{A}_{m\times n}$）$=m$，根据线性代数初等变换的理论知道，可以通过对第一步中得到的标准型的约束方程组的系数矩阵和增广矩阵行初等变换做到。

$$\min z=c_1x_1+c_2x_2+\cdots+c_nx_n \tag{4-16}$$

$$\text{s.t.}\begin{cases}x_1+a_{1,m+1}x_{m+1}+a_{1,m+2}x_{m+2}+\cdots+a_{1n}x_n=b_1\\x_2+a_{2,m+1}x_{m+1}+a_{2,m+2}x_{m+2}+\cdots+a_{2n}x_n=b_2\\\vdots\\x_m+a_{m,m+1}x_{m+1}+a_{m,m+2}x_{m+2}+\cdots+a_{mn}x_n=b_m\\x_j\geqslant 0,\quad j=1,2,\cdots,n\\b_i>0,\quad i=1,2,\cdots,m\end{cases} \tag{4-17}$$

建立线性规划问题表 4-2。

表4-2　线性规划问题表

基变量	ρ_1	…	ρ_r	…	ρ_m	$\rho_{1,m}+1$	…	ρ_k	…	ρ_n	可行解
x_1	1	…	0	…	0	$a_{1,m}+1$	…	a_{1k}	…	a_{1n}	b_1
…	…	—	…	—	…	…	—	…	—	…	…
x_r	0	…	1	…	0	$a_{r,m}+1$	…	a_{rk}	…	a_m	b_r
… x_m	… 0	…	… 0	…	1	$a_{m,m}+1$	…	a_{mk}	…	a_{mn}	b_m
目标	c_1	…	c_r	…	c_m	c_{m+1}	…	c_k	…	c_n	0

第三步：找出初始可行基，确定初始基本可行解，建立初始单纯形表4-3。

表4-3　初始单纯形表

基变量	ρ_1	…	ρ_r	…	ρ_m	$\rho_{1,m}+1$	…	ρ_k	…	ρ_n	可行解
x_1 … x_r … x_m	1 … 0 … 0	… … …	0 … 1 … 0	… … …	0 … 0 1	$a_{1,m}+1$ … $a_{r,m}+1$ $a_{m,m}+1$	… … …	a_{1k} … a_{rk} a_{mk}	… … …	a_{1n} … a_m … a_{mn}	b_1 … B_r … b_m
目标	0	…	0	…	0	σ_{m+1}	…	σ_k	…	σ_n	$-z_0$

其中，$\sigma_j = c_j - \sum_{i=1}^{m} c_i a_{ij}, j = m+1,\cdots,n$，称为检验数。初始基本可行解为$\boldsymbol{x}_0 = (b_1, b_2, \cdots, b_m, 0, \cdots, 0)^{\mathrm{T}}$相应的目标函数值$z_0 = \sum_{i=1}^{m} c_i b_i$。

第四步：检查对应于非基变量的检验数σ_j，如果所有的检验数$\sigma_j \geqslant 0$，则已经得到最优解，停止计算，否则，转下一步。

第五步：若存在$\sigma_k < 0$，且所对应的列向量$p_k \leqslant 0$，则此问题无解，停止计算，否则，转入下一步。

第六步：根据$\min(\sigma_j < 0) = \sigma_k$，确定$x_k$为进基变量，根据

$$\theta = \min_i \left(\frac{b_i}{a_{ik}} \quad a_{ik} > 0 \right) = \frac{b_r}{a_{rk}} \tag{4-18}$$

确定 x_r 为出基变量，并称 a_{rk} 为主元素，转下一步。

第七步：在表中以 a_{n} 为主元素进行旋转迭代，即用高斯消元法将 x_k 所对应的列变换成（0，…，1，…，0）^{T}，由此得到新的单纯形表 4-4。可以看出，得到的新的基本可行解为

$$x_1 = \left(b_1 - \frac{a_{1k} b_r}{a_{rk}}, \cdots, b_{r-1} - \frac{a_{r-1,k} b_r}{a_{rk}}, 0, b_{r+1} - \frac{a_{r+1,k} b_r}{a_{rk}}, \cdots, b_m - \frac{a_{mk} b_r}{a_{rk}}, 0, \cdots, 0, \frac{b_r}{a_{rk}}, 0, \cdots, 0 \right) \tag{4-19}$$

相应的目标函数值为 $z_1 = z_0 + \dfrac{b_r \sigma_k}{a_{rk}} < z_0$，即目标函数值有所改进。再以新的单纯形表为起点，返回第五步。

表4-4　单纯形表

基变量	ρ_1	…	ρ_r	…	ρ_m	$\rho_{1,m}+1$	…	ρ_k	…	ρ_n	可行解
x_1	1		$-\frac{a_{1k}}{a_{rk}}$		0	$a_{1,m+1}-\frac{a_1ka_r,m+1}{a_{rk}}$		0		$a_{1n}-\frac{a_{1k}a_m}{a_{rk}}$	$b_1-\frac{a_{1k}b_r}{a_{rk}}$
…	…	…	…	…	…	…	…	…	…	…	…
x_r	0	…	$\frac{1}{a_{rk}}$	…	0	$\frac{a_{r,m+1}}{\sigma_k}$	…	1	…	a_m	$\frac{b_r}{a_{rk}}$
…	…	…	…	…	…	…	…	…	…	…	…
x_m	0		$-\frac{a_{nk}}{a_{rk}}$		1	$a_{m,m+1}-\frac{a_{mk}a_{r,m+1}}{a_{rk}}$		0		$a_{nm}-\frac{a_{mk}a_m}{a_{rk}}$	$b_m-\frac{a_{mk}b_r}{a_{rk}}$
目标	0	…	$-\frac{a_{nk}}{a_{rk}}$	…	0	$\sigma_{m+1}-\frac{\sigma_k a_{r,m+1}}{a_{rk}}$	…	0	…	$\sigma_n-\frac{\sigma_k a_m}{a_{rk}}$	$-z_0-\frac{\sigma_k b_r}{a_{rk}}$

例　用单纯形法求解线性规划问题。

$$\max z = 4x_1 + 3x_2 \tag{4-20}$$

$$\text{s.t.}\begin{cases} 2x_1 + 3x_2 \leqslant 24 \\ 3x_1 + 2x_2 \leqslant 26 \\ x_1 \geqslant 0, x_2 \geqslant 0 \end{cases} \tag{4-21}$$

解　引入松弛变量 $x_3, x_4 \geqslant 0$，得到如下标准型：

$$\min(-z) = -4x_1 - 3x_2, \tag{4-22}$$

$$\text{s.t.} \begin{cases} 2x_1 + 3x_2 + x_3 = 24 \\ 3x_1 + 2x_2 + x_4 = 26 \\ x_1, x_2, x_3, x_4 \geqslant 0 \end{cases} \tag{4-23}$$

用单纯形法求解，计算过程如表 4-5 所示。

表4-5 单纯形表

基变量	ρ_1	ρ_2	ρ_3	ρ_4	可行解
x_3	2	3	1	0	24
x_4	[3]	2	1	0	26
目标	–4	–3	0	0	0
x_3	0	[5/3]	1	–2/3	20/3
x_1	1	2/3	0	1/3	26/3
目标	0	–1/3	0	4/3	104/3
x_2	0	1	3/5	–2/5	4
x_1	1	0	–2/5	3/5	6
目标	0	0	1/5	6/5	36

表 4–5 最后一行的所有检验数均非负，说明已经达到最优解，得到标准型的最优解为 $\boldsymbol{x}^* = (6,4,0,0)^{\mathrm{T}}$，最优值为 $-z^* = -36$。而原线性规划问题的最优解为 x_1=6，x_2=4，最优值为 z^*=36。

第二节　非线性规划方法建模

一、非线性规划的基本概念和极值条件

（一）非线性规划问题的数学模型和基本概念

如果目标函数或约束条件中包含非线性函数，就称这种规划问题为非线

性规划问题。一般来说，解非线性规划要比解线性规划问题困难得多。而且，不像线性规划有单纯形法这一通用方法，非线性规划目前还没有适于各种问题的一般算法，各个方法都有自己特定的适用范围。

下面通过实例归纳出非线性规划数学模型的一般形式，介绍有关非线性规划的基本概念。

例（投资决策问题）某企业有 n 个项目可供选择投资，并且至少要对其中一个项目投资。已知该企业拥有总资金 A 元，投资于第 $i(i=1,\cdots,n)$ 个项目需花资金 a_i 元，并预计可收益 b_i 元。试选择最佳投资方案。

解 设投资决策变量为

$$x_i=\begin{cases}1, & \text{决定投资第}i\text{个项目}, \\ 0, & \text{决定不投资第}i\text{个项目},\end{cases} \quad i=1,\cdots,n \tag{4-24}$$

则投资总额为 $\sum_{i=1}^{n}a_ix_i$，投资总收益为 $\sum_{i=1}^{n}b_ix_i$。因为该公司至少要对一个项目投资，并且总的投资金额不能超过总资金 A，故有限制条件

$$0<\sum_{i=1}^{n}a_ix_i\leqslant A \tag{4-25}$$

另外，由于 $x_i(i=1,\cdots,n)$ 只取值 0 或 1，所以还有

$$x_i(1-x_i)=0, \quad i=1,\cdots,n \tag{4-26}$$

最佳投资方案应是投资额最小而总收益最大的方案，所以这个最佳投资决策问题归结为总资金以及决策变量（取 0 或 1）的限制条件下，极大化总收益和总投资之比。因此，其数学模型为

$$\max Q=\frac{\sum_{i=1}^{n}b_ix_i}{\sum_{i=1}^{n}a_ix_i} \tag{4-27}$$

$$\text{s. t.}\begin{cases}0<\sum_{i=1}^{n}a_ix_i\leqslant A \\ x_i(1-x_i)=0, \quad i=1,\cdots,n\end{cases} \tag{4-28}$$

例（火力最优分配问题）设有 m 种型号的战斗兵器，向 n 个目标射击，每种兵器的数量不同，第 i 种兵器的数量为 N_i，第 i 种兵器的每个战斗单位对第 j 个目标的毁伤概率是 ω_{ij}。各目标的重要程度不同，第 j 个目标的重要程度

是 c_j。求每一种兵器的分配方案，使得毁伤目标的总价值最大。

解 设 x_{ij} 为第 i 种兵器射击第 j 个目标的单位数，则第 j 个目标被击毁的概率为

$$p_j = 1 - \prod_{i=1}^{m}\left(1-\omega_{ij}\right)^{x_{ij}} \tag{4-29}$$

毁伤目标的总价值为

$$F = \sum_{j=1}^{n} c_j p_j \tag{4-30}$$

而 x_{ij} 要满足

$$\sum_{j=1}^{n} x_{ij} = N_i \tag{4-31}$$

整个问题可以归结为

$$\max F = \sum_{j=1}^{n} c_j \left[1 - \prod_{i=1}^{m}\left(1-\omega_{ij}\right)^{x_{ij}}\right] \tag{4-32}$$

$$\text{s. t. } \begin{cases} \sum_{j=1}^{n} x_{ij} = N_i \\ x_{ij} \geqslant 0, \quad i=1,2,\cdots,m; \quad j=1,2,\cdots,n \end{cases} \tag{4-33}$$

上面例题是在一组等式或不等式的约束下，求一个函数的最大值（或最小值），其中至少有一个非线性函数，这类问题称为非线性规划问题。可概括为一般形式：

$$\min z = f(x), x \in \mathbf{R}^n \tag{4-34}$$

$$\text{(NP)} \quad \text{s. t. } \begin{cases} h_i(x) = 0, & i=1,2,\cdots,q \\ g_j(x) \leqslant 0, & j=1,2,\cdots,p \end{cases} \tag{4-35}$$

其中 $\boldsymbol{x} = \left[x_1,\cdots,x_n\right]^{\mathrm{T}}$ 为模型（NP）的决策变量，f 称为目标函数，$h_i(i=1,\cdots,q)$ 和 $g_j(j=1,\cdots,p)$ 称为约束函数。另外，$h_i(x)=0(i=1,\cdots,q)$ 称为等式约束，$g_j(x)\leqslant 0(j=1,\cdots,p)$ 称为不等式约束。

对于一个实际问题，在把它归结成非线性规划问题时，一般要注意如下几点：

（1）确定供选方案：首先要收集同问题有关的资料和数据，在全面熟悉问题的基础上，确认什么是解决问题可供选择的方案，并用一组变量来表示它们。

（2）提出追求目标：经过对资料进行分析，根据实际需要和可能，提出要追求极小化或极大化的目标。并且运用各种科学和技术原理，把它表示成数学关系式。

（3）给出价值标准：在提出要追求的目标之后，要确立所考虑目标的“好”或“坏”的价值标准，并用某种数量形式来描述它。

（4）寻求限制条件：由于所追求的目标一般都要在一定的条件下取得极小化或极大化效果，因此还需要寻找出问题的所有限制条件，这些条件通常用变量之间的一些不等式或等式来表示。

记（NP）的可行域为

$$K=\left\{x\in\mathbf{R}^n \quad g_j(x)\leqslant 0, j=1,\cdots,p, h_i(x)=0, i=1,\cdots,q\right\} \tag{4-36}$$

定义 1 对于非线性规划（NP），若 $x^*\in K$，并且有

$$f\left(x^*\right)\leqslant f(x),\quad \forall x\in K \tag{4-37}$$

则称 x^* 是（NP）的整体最优解或整体极小点，称 f（x^*）是（NP）的整体最优值或整体极小值。如果有

$$f\left(x^*\right)<f(x),\quad \forall x\in K, x\neq x^*, \tag{4-38}$$

则称 x^* 是（NP）的严格整体最优解或严格整体极小点，称 f（x^*）是（NP）的严格整体最优值或严格整体极小值。

定义 2 对于非线性规划（NP），若 $x^*\in K$，并且存在 x^* 的一个邻 $N_\delta\left(x^*\right)=\left\{x\in\mathbf{R}^n \ \left\|x-x^*\right\|<\delta\right\}(\delta>0,\delta\in\mathbf{R})$，使

$$f\left(x^*\right)\leqslant f(x),\quad \forall x\in N_\delta\left(x^*\right)\bigcap K \tag{4-39}$$

则称 x^* 是（NP）的局部最优解或局部极小点，称 f（x^*）是（NP）的局部最优值或局部极小值。如果有

$$f\left(x^*\right)<f(x),\quad \forall x\in N_\delta\left(x^*\right)\bigcap K, x\neq x^* \tag{4-40}$$

则称 x^* 是（NP）的严格局部最优解或严格局部极小点，称 $f(x^*)$ 是（NP）的严格局部最优值或严格局部极小值。

下面给出极值存在的必要条件和充分条件。

定理 1（必要条件）设函数 $f(x)$ 定义在 $S \subset \mathbf{R}^n$ 上且可导，x^* 是 S 的一个内点，若 x^* 是 $f(x)$ 的一个极小点，则梯度

$$\nabla f(x)\big|_{x=x^*} = \left(\frac{\partial f(x)}{\partial x_1}, \cdots, \frac{\partial f(x)}{\partial x_n}\right)^{\mathrm{T}}\Bigg|_{x=x^*} \tag{4-41}$$

满足 $\nabla f\left(x^*\right) = 0$ 的点称为 $f(x)$ 的稳定点或驻点。

定理 2（充分条件）设函数 $f(x)$ 为定义在 $S \subset \mathrm{R}^n$ 上的二阶连续可微实函数，x^* 是 S 的一个内点，若 $\nabla f\left(x^*\right) = 0$ 并且 $f(x)$ 在 x^* 处的海塞矩阵

$$\boldsymbol{H}\left(x^*\right) = \nabla^2 f\left(x^*\right) = \begin{pmatrix} \dfrac{\partial^2 f\left(x^*\right)}{\partial x_1^2} & \cdots & \dfrac{\partial^2 f\left(x^*\right)}{\partial x_1 \partial x_n} \\ \vdots & \vdots & \vdots \\ \dfrac{\partial^2 f\left(x^*\right)}{\partial x_n \partial x_1} & \cdots & \dfrac{\partial^2 f\left(x^*\right)}{\partial x_n^2} \end{pmatrix} \tag{4-42}$$

正定，则 $f(x)$ 在 x^* 处取严格极小值。

由于线性规划的目标函数为线性函数，可行域为凸集，因而求出的最优解就是整个可行域上的全局最优解。如果线性规划的最优解存在，其最优解只能在其可行域的边界上达到（特别是可行域的顶点上达到）；非线性规划却不然，最优解（如果最优解存在）则可能在其可行域的任意一点达到，求出的局部最优解，并不一定是全局最优解。

（二）求解非线性规划的基本迭代格式

对于非线性规划模型（NP），可以采用迭代方法求它的最优解。迭代方法的基本思想是，从一个选定的初始点 $x^0 \in \mathbf{R}^n$ 出发，按照某一特定的迭代规则产生一个点列 $\left\{x^k\right\}$，使得当 $\left\{x^k\right\}$ 是有穷点列时，其最后一个点是（NP）的最优解；当 $\left\{x^k\right\}$ 是无穷点列时，它有极限点，并且其极限点是（NP）的最优解。

设 $x^k \in \mathbf{R}^n$ 是某迭代方法的第 k 轮迭代点，$x^{k+1} \in \mathbf{R}^n$ 是第 $k+1$ 轮迭代点，记

$$x^{k+1} = x^k + t_k p^k \tag{4-43}$$

这里 $t_k \in \mathbf{R}^1, p^k \in \mathbf{R}^n, \|p^k\| = 1$，并且 p^k 的方向是从点 x^k 向着点 x^{k+1} 的方向。式（4–43）就是求解非线性规划模型（NP）的基本迭代格式。

通常，我们把基本迭代格式（4–43）中的 p^k 称为第 k 轮搜索方向，t_k 为沿 p^k 方向的步长。使用迭代方法求解（NP）的关键在于，如何构造每一轮的搜索方向和确定适当的步长。

定义 3 设 f：$\mathbf{R}^n \mapsto \mathbf{R}, \bar{x} \in \mathbf{R}^n, p \in \mathbf{R}^n, p \neq 0$，若存在 $\delta > 0$，使

$$f(\bar{x}+tp) < f(\bar{x}), \quad \forall t \in (0,\delta), \tag{4–44}$$

则称向量 $\boldsymbol{p}$ 是函数 f（x）在点 $\bar{x}$ 处的下降方向。

定义 4 设 $X \subset \mathbf{R}^n$，若存在 t>0，使

$$\bar{x} + tp \in X \tag{4–45}$$

则称向量 $\boldsymbol{p}$ 是函数 f（x）在点 $\bar{x}$ 处关于 X 的可行方向。

定义 5 一个向量 $\boldsymbol{p}$，若既是函数 f 在点 $\bar{x}$ 处的下降方向，又是该点关于区域 K 的可行方向，称为函数 f 在点 x 处关于 K 的可行下降方向。

（三）凸函数、凸计划

定义 6 设 $S \subset \mathbf{R}^n$ 是非空凸集，f:SH>$\mathbf{R}$，如果对任意的 $\alpha \in$（0，1）有

$$f\left[\alpha x_1 + (1-\alpha)x_2\right] \leqslant \alpha f\left(x_1\right) + (1-\alpha) f\left(x_2\right), \quad \forall x_1, x_2 \in S \tag{4–46}$$

则称 f 是 S 上的凸函数，或 f 在 S 上是凸的。如果对于任意的 $a \in$（0，1）有

$$f\left[\alpha x_1 + (1-\alpha)x_2\right] < \alpha f\left(x_1\right) + (1-\alpha) f\left(x_2\right), \quad x_1 \neq x_2 \tag{4–47}$$

则称 f 是 S 上的严格凸函数，或 f 在 S 上是严格凸的。

考虑非线性规划

$$\min_{x \in X} f(x), \quad X = \left\{x \ \ g_j(x) \leqslant 0, j = 1, 2, \cdots, l\right\} \tag{4–48}$$

假定其中 f（x）为凸函数，$g_j(x)(j=1,2,\cdots,l)$ 为凸函数，称为凸规划。

定理 3 对于非线性规划（NP），若 $g_i(x), i=1,\cdots,p$ 皆为 $\mathbf{R}^n$ 上的凸函数，$h_j(x), j=1,\cdots,q$ 皆为线性函数，若 f（x）为严格凸函数，其最优解必定唯一（假定最优解存在）。显然，凸规划是一类比较简单而又具有重要理论意义的非线性规划。

二、无约束非线性规划的解法

（一）一维搜索方法

当用迭代法求函数的极小点时，常常用到一维搜索，即沿某一已知方向求目标函数的极小点。一维搜索的方法很多，常用的有试探法（成功—失败法、斐波那契法、0.618 法等）、插值法（抛物线插值法、三次插值法等）、微积分中的求根法（切线法、二分法等）。

考虑一维极小化问题

$$\min_{a\leqslant t\leqslant b} f(t) \tag{4-49}$$

若 $f(t)$ 是 $[a, b]$ 区间上的下单峰函数，我们介绍通过不断地缩短 $[a, b]$ 的长度，来搜索得（4–49）的近似最优解的两个方法。

为了缩短区间 $[a, b]$，逐步搜索得式（4–49）的最优解 t^* 的近似值，我们可以采用以下途径：在 $[a, b]$ 中任取两个关于 $[a, b]$ 是对称的点 t_1 和 t_2（不妨设 $t_2<t_1$ 并把它们称为搜索点），计算 $f(t_1)$ 和 $f(t_2)$ 并比较它们的大小。对于单峰函数，若 $f(t_2)<f(t_1)$，则必有 $t^*\in[a,t_1]$，因而 $[a,t_1]$ 是缩短了的单峰区间；若 $f(t_1)<f(t_2)$，则有 $t^*\in[t_2,b]$，故 $[t_2, b]$ 是缩短了的单峰区间；若 $f(t_2)=f(t_1)$，则 $[a,t_1]$ 和 $[t_2,b]$ 都是缩短了的单峰区间。因此通过两个搜索点处目标函数值大小的比较，总可以获得缩短了的单峰区间。对于新的单峰区间重复上述做法，显然又可获得更短的单峰区间。如此进行，在单峰区间缩短到充分小时，我们可以取最后的搜索点作为式（4–49）最优解的近似值。

1. 斐波那契法

如用 F_n 表示计算 n 个函数值能缩短为单位长区间的最大原区间长度，可推出 F_n 满足关系 $F_0=F_1=1, F_n=F_{n-2}+F_{n-1}, n=2,3,\cdots$，数列 $\{F_n\}$ 称为斐波那契数列，F_n 称为第 n 个斐波那契数，相邻两个斐波那契数之比 $\frac{F_{n-1}}{F_n}$ 称为斐波那契分数。当用斐波那契法以 n 个探索点来缩短某一区间时，区间长度的第一次缩短率为 $\frac{F_{n-1}}{F_n}$，其后各次分别为 $\frac{F_{n-1}}{F_n},\frac{F_{n-3}}{F_{n-2}},\cdots,\frac{F_1}{F_2}$。由此，若 t_1 和 t_2（$t_2<t_1$）是单峰区间 $[a, b]$ 中第 1 个和第 2 个探索点的话，那么应有比例关系：

$$\frac{t_1-a}{b-a}=\frac{F_{n-1}}{F_n},\quad \frac{t_2-a}{b-a}=\frac{F_{n-2}}{F_n} \tag{4-50}$$

从而

$$t_1 = a + \frac{F_{n-1}}{F_n}(b-a), \quad t_2 = a + \frac{F_{n-2}}{F_n}(b-a) \tag{4-51}$$

它们关于 $[a, b]$ 确是对称的点。

如果要求经过一系列探索点搜索之后，使最后的探索点和最优解之间的距离不超过精度 $\delta>0$，这就要求最后区间的长度不超过 δ，即

$$\frac{b-a}{F_n} \leqslant \delta \tag{4-52}$$

据此，我们应按照预先给定的精度 δ，确定使式（4–52）成立的最小整数 n 作为搜索次数，直到进行到第 n 个探索点时停止。

用上述不断缩短函数 $f(t)$ 的单峰区间 $[a,b]$ 的办法，来求得问题（4–52）的近似解，是 Kiefer（1953 年）提出的，称为斐波那契法，具体步骤如下：

（1）选取初始数据，确定单峰区间 $[a_0, b_0]$，给出搜索精度 $\delta>0$，由式（4–52）确定搜索次数 n。

（2）$k=1$，$a=a_0$，$b=b_0$，计算最初两个搜索点，按（4–13）计算 t_1 和 t_2。

（3）while $k< n-1$

$f_1=f(t_1)$，$f_2=f(t_2)$

if $f_1<f_2$

$$a=t_2;t_2=t_1;t_1=a+\frac{F(n-1-k)}{F(n-k)}(b-a)$$

else

$$b=t_1;t_1=t_2;t_2=b+\frac{F(n-1-k)}{F(n-k)}(a-b)$$

end

$k=k+1$

end

（4）当进行至 $k=n-1$ 时，$t_1=t_2=\frac{1}{2}(a+b)$，这就无法借比较函数值 $f(t_1)$ 和 $f(t_2)$ 的大小确定最终区间，为此，取

$$\begin{cases} t_2 = \dfrac{1}{2}(a+b) \\ t_1 = a + \left(\dfrac{1}{2}+\varepsilon\right)(b-a) \end{cases} \tag{4-53}$$

其中ε为任意小的数。在t_1和t_2这两点中，以函数值较小者为近似极小点，相应的函数值为近似极小值，并得最终区间$[a, t_1]$或$[t_2, b]$。

由上述分析可知，斐波那契法使用对称搜索的方法，逐步缩短所考察的区间，它能以尽量少的函数求值次数，达到预定的某一缩短率。

2. 0.618 法

若$\omega>0$，满足比例关系$\frac{\omega}{1}=\frac{1-\omega}{\omega}$，称为黄金分割数，其值为$\omega=\frac{\sqrt{5}-1}{2}$ $=0.6180339887\cdots$。

黄金分割数ω和斐波那契分数之间有着重要的关系，即

（1）$\frac{F_{n-1}}{F_n}<\omega<\frac{F_n}{F_{n-1}}$，$n$为偶数，$\frac{F_{n-1}}{F_n}>\omega>\frac{F_n}{F_{n-1}}$，$n$为奇数；

（2）$\omega=\lim\limits_{n\to\infty}\frac{F_{n-1}}{F_n}$。

现用不变的区间缩短率 0.618，代替斐波那契法每次不同的缩短率，就得到了黄金分割法（0.618 法），这个方法可以看成斐波那契法的近似，实现起来比较容易，效果也相当好，因而易于为人们所接受。

用 0.618 法求解，从第 2 个探索点开始，每增加一个探索点作一轮迭代以后，原单峰区间要缩短 0.618 倍。计算n个探索点的函数值可以把原区间$[a_0, b_0]$连续缩短$n-1$次，因为每次的缩短率均为μ，故最后的区间长度为$(b_0-a_0)\mu^{n-1}$，这就是说，当已知缩短的相对精度为δ时，可用下式计算探索点个数：

$$\mu^{n-1}\leqslant\delta \tag{4-54}$$

当然，也可以不预先计算探索点的数目n，而在计算过程中逐次加以判断，看是否已满足了提出的精度要求。

0.618 法是一种等速对称进行试探的方法，每次的探索点均取在区间长度的 0.618 倍和 0. 382 倍处。

3. 二次插值法

极小化问题，当$f(t)$在$[a, b]$上连续时，可以考虑用多项式插值来进行一维搜索。它的基本思想是，在搜索区间中，不断用低次（通常不超过三次）多项式来近似目标函数，并逐步用插值多项式的极小点来逼近（4–51）的最优解。

（二）无约束极值问题的解法

无约束极值问题可表述为

$$\min f(x),\quad x \in \mathbf{R}^n \tag{4-55}$$

求解问题（4–15）的迭代法大体上分为两点：一是用到函数的一阶导数或二阶导数，称为解析法；二是仅用到函数值，称为直接法。

1. 解析法

（1）梯度法（最速下降法）。

对基本迭代格式

$$x^{k+1} = x^k + t_k p^k \tag{4-56}$$

我们总是考虑从点 x^k 出发沿哪一个方向 p^k，使目标函数 f 下降得最快。微积分的知识告诉我们，点 x^k 的负梯度方向

$$p^k = -\nabla f\left(x^k\right) \tag{4-57}$$

是从点 x^k 出发使 f 下降最快的方向。为此，称负梯度方向 $-\nabla f\left(x^k\right)$ 为 f 在点 x^k 处的最速下降方向。

按基本迭代格式（4–56），每一轮从点 x^k 出发沿最速下降方向 $-\nabla f\left(x^k\right)$ 作一 维搜索，来建立求解无约束极值问题的方法，称为最速下降法。

这个方法的特点是，每轮的搜索方向都是目标函数在当前点下降最快的方向。同时，用 $\nabla f\left(x^k\right)=0$ 或 $\left\|\nabla f\left(x^k\right)\right\| \leqslant \varepsilon$ 作为停止条件。其具体步骤如下：

①选取初始数据。选取初始点 x^0，给定终止误差，令 k：=0。

②求梯度向量。计算 $\nabla f\left(x^k\right)$，若 $\left\|\nabla f\left(x^k\right)\right\| \leqslant \varepsilon$，停止迭代，输出 x^k，否则，进行③。

③构造负梯度方向。取

$$p^k = -\nabla f\left(x^k\right) \tag{4-58}$$

④进行一维搜索。求 t_k，使得

$$f\left(x^k + t_k p^k\right) = \min_{t \geqslant 0} f\left(x^k + t p^k\right) \tag{4-59}$$

令 $x^{k+1} = x^k + t_k p^k, k := k+1$，转②。

例　用最速下降法求解无约束非线性规划问题

$$\min f(x) = x_1^2 + 25x_2^2 \tag{4-60}$$

其中 $\boldsymbol{x}=\left(x_1,x_2\right)^{\mathrm{T}}$，要求选取初始点 $\boldsymbol{x}^0=(2,2)^{\mathrm{T}}$。

解 (i) $\nabla f(x)=\left(2x_1,50x_2\right)^{\mathrm{T}}$

编写 M 文件 detaf. m 如下：

```
function[ f, df_ ]=detaf( x );
f=x（1）^2+25*x（2）^2 ;
df( 1 ) =2* x ( 1 );
df( 2 ) =50* x ( 2 );
```

（ii）编写 M 文件 zuisu. m：

```
clc
x=[2 ; 2] ;
[f0, g]=detaf( x );
while norm ( g ) > 0. 000001
   p=-g' /norm ( g );
   t=1.0, f=detaf( x+t* p );
   while f> f0
   t=t/2 ; f=detaf( x+t* p );
end
x=x+t*p
[ f0, g]=detaf( x )
end
```

（2）Newton 法。

考虑目标函数 f 在点 x^k 处的二次逼近式

$$f(x)\approx Q(x)=f\left(x^k\right)+\nabla f\left(x^k\right)^{\mathrm{T}}\left(x-x^k\right)+\frac{1}{2}\left(x-x^k\right)^{\mathrm{T}}\nabla^2 f\left(x^k\right)\left(x-x^k\right) \tag{4-61}$$

假定 Hesse 阵

$$\nabla^2 f\left(x^k\right)=\begin{bmatrix}\dfrac{\partial^2 f\left(x^k\right)}{\partial x_1^2} & \cdots & \dfrac{\partial^2 f\left(x^k\right)}{\partial x_1\partial x_n}\\ \vdots & \cdots & \vdots\\ \dfrac{\partial^2 f\left(x^k\right)}{\partial x_n\partial x_1} & \cdots & \dfrac{\partial^2 f\left(x^k\right)}{\partial x_n^2}\end{bmatrix} \tag{4-62}$$

正定。因此，函数 Q 的驻点 x^{k+1} 是 $Q(x)$ 的极小点，为求此极小点，令

$$\nabla Q\left(x^{k+1}\right)=\nabla f\left(x^{k}\right)+\nabla^{2} f\left(x^{k}\right)\left(x^{k+1}-x^{k}\right)=0 \tag{4-63}$$

即可解得

$$x^{k+1}=x^{k}-\left[\nabla^{2} f\left(x^{k}\right)\right]^{-1} \nabla f\left(x^{k}\right) \tag{4-64}$$

对照基本迭代格式（4–56），可知从点 x^k 出发沿搜索方向

$$p^{k}=-\left[\nabla^{2} f\left(x^{k}\right)\right]^{-1} \nabla f\left(x^{k}\right) \tag{4-65}$$

并取步长 $t_k=1$，即可得 $Q(x)$ 的最小点 x^{k+1}。通常，把方向 p 称为从点 x 出发的 Newton 方向。从一初始点开始，每一轮从当前迭代点出发，沿 Newton 方向并取步长为 1 的求解方法，称为 Newton 法（牛顿法）。其具体步骤如下：

①选取初始数据。选取初始点 x^0，给定终止误差 $\varepsilon>0$, 令 $k:=0$。

②求梯度向量。计算 $\nabla f\left(x^{k}\right)$, 若 $\left\|\nabla f\left(x^{k}\right)\right\| \leqslant \varepsilon$，停止迭代，输出 x^k，否则，进行③。

③构造 Newton 方向。计算 $\left[\nabla^{2} f\left(x^{k}\right)\right]^{-1}$，取

$$p^{k}=-\left[\nabla^{2} f\left(x^{k}\right)\right]^{-1} \nabla f\left(x^{k}\right) \tag{4-66}$$

④求下一迭代点。令 $x^{k+1}=x^{k}+p^{k}, k:=k+1$，转②。

例 用 Newton 法求解

$$\min f(x)=x_{1}^{4}+25 x_{2}^{4}+x_{1}^{2} x_{2}^{2} \tag{4-67}$$

选取 $\boldsymbol{x}^{0}=(2,2)^{\mathrm{T}}$。

解（i）$\nabla \boldsymbol{f}(x)=\left[4 x_{1}^{3}+2 x_{1} x_{2}^{2} \quad 100 x_{2}^{3}+2 x_{1}^{2} x_{2}\right]^{\mathrm{T}}$　　　(4–68)

$$\nabla^{2} \boldsymbol{f}=\begin{bmatrix}12 x_{1}^{2}+2 x_{2}^{2} & 4 x_{1} x_{2} \\ 4 x_{1} x_{2} & 300 x_{2}^{2}+4 x_{1}^{2}\end{bmatrix} \tag{4-69}$$

编写 M 文件 nwfun.m 如下：

```
function [ f, df, d2f ]= nwfun（x）;
f = x(1)^4 + 25* × (2)^4 + x(1)^2* × (2)^2 ;
df = [4* × (1)^3 + 2* × (1) ⋆ x(2)^2;100 * × (2)^3 + 2* × (1)^2 ⋆ × (2)];
```

$$d2f=\left[2^{*}\times(1)^{\wedge}2+2^{*}\times(2)^{\wedge}2,4^{*}\times(1)^{*}\times(2)\right.$$

$$\left.4^{*}\times(1)^{*}\times(2),300^{*}\times(2)^{\wedge}2+4^{*}\times(1)^{\wedge}2\right];$$

编写 M 文件：

```
clc
x=[2 ; 2] ;
[ f0, g1 , g2]=nwfun ( x )
while  norm ( g1 ) > 0. 00001
  p=– inv ( g2 ) * g1
  x=x+ p
[ f0, g1 , g2]= nwfun ( x )
end
```

如果目标函数是非二次函数，一般地，用 Newton 法通过有限轮迭代并不能保证可求得其最优解。

为了提高计算精度，我们在迭代时可以采用变步长计算上述问题，程序如下：

```
clc
x=[2 ; 2] ;
[ f0, g1, g2]=nwfun ( x )
while norm ( g1 ) > 0.00001
  p=–inv ( g2 ) * g1, p=p/norm ( p )
  t=1.0, f=nwfun ( x+ t* p )
  while f> f0
    t=t/2, f=nwfun ( x+ t* p ),
  end
x=x+t* P
  [f0, g1, g2]=nwfun ( x )
  end
```

Newton 法的优点是收敛速度快；缺点是有时不好用而须采取改进措施。此外，当维数较高时，计算 $-\left[\nabla^{2} f\left(x^{k}\right)\right]^{-1}$ 的工作量很大。

（3）变尺度法。

变尺度法是近年来发展起来的，它不仅是求解无约束极值问题非常有效的算法，而且也已被推广用来求解约束极值问题。由于它既避免了计算二阶导数矩阵及其求逆过程，又比梯度法的收敛速度快，特别是对高维问题具有显著的优越性，因而使变尺度法获得了很高的声誉。下面我们就来简要地介绍一种变尺度法 DFP 法的基本原理及其计算过程。这一方法首先由 Davidon 在 1959 年提出，后经 Fletcher 和 Powell 加以改进。

我们已经知道，牛顿法的搜索方向是 $-\left[\nabla^2 f\left(x^k\right)\right]^{-1}\nabla f\left(x^k\right)$，为了不计算二阶导数矩阵 $\left[\nabla^2 f\left(x^k\right)\right]$ 及其逆阵，我们设法构造另一个矩阵，用它来逼近二阶导数矩阵的逆阵 $\left[\nabla^2 f\left(x^k\right)\right]^{-1}$，这一类方法也称拟牛顿法。

下面研究如何构造这样的近似矩阵，并将它记为 $\overline{\boldsymbol{H}}^{(k)}$。我们要求每一步都能以现有的信息来确定下一个搜索方向；每做一次迭代，目标函数值均有所下降；这些近似矩阵最后应收敛于解点处的 Hesse 阵的逆阵。

当 $f(x)$ 是二次函数时，其 Hesse 阵为常数阵 $\boldsymbol{A}$，任两点 x^k 和 x^{k+1} 处的梯度之差为 $\nabla f\left(x^{k+1}\right)-\nabla f\left(x^k\right)=\boldsymbol{A}\left(x^{k+1}-x^k\right)$，或 $x^{k+1}-x^k=\boldsymbol{A}^{-1}\left[\nabla f\left(x^{k+1}\right)-\nabla f\left(x^k\right)\right]$。

对于非二次函数，仿照二次函数的情形，要求其 Hesse 阵的逆阵第 $k+1$ 次近似矩阵 $\overline{\boldsymbol{H}}^{(k+1)}$ 满足关系式

$$x^{k+1}-x^k=\overline{\boldsymbol{H}}^{(k+1)}\left[\nabla f\left(x^{k+1}\right)-\nabla f\left(x^k\right)\right] \tag{4-70}$$

这就是常说的拟 Newton 条件。若令

$$\begin{cases}\Delta G^{(k)}=\nabla f\left(x^{k+1}\right)-\nabla f\left(x^k\right)\\ \Delta x^k=x^{k+1}-x^k\end{cases} \tag{4-71}$$

则式（4-70）变为

$$\Delta x^k=\overline{\boldsymbol{H}}^{(k+1)}\Delta G^{(k)} \tag{4-72}$$

现假定 $\overline{\boldsymbol{H}}^{(k)}$ 已知，用式（4-73）求 $\overline{\boldsymbol{H}}^{(k+1)}$（设 $\overline{\boldsymbol{H}}^{(k)}$ 和 $\overline{\boldsymbol{H}}^{(k+1)}$ 均为对称正定阵）：

$$\overline{\boldsymbol{H}}^{(k+1)}=\overline{\boldsymbol{H}}^{(k)}+\Delta\overline{\boldsymbol{H}}^{(k)}。 \tag{4-73}$$

其中$\Delta\overline{\boldsymbol{H}}^{(k)}$称为第$k$次校正矩阵。显然，$\overline{\boldsymbol{H}}^{(k+1)}$应满足拟 Newton 条件（4-72），即

$$\Delta x^k = \left(\overline{\boldsymbol{H}}^{(k)} + \Delta\overline{\boldsymbol{H}}^{(k)}\right)\Delta\boldsymbol{G}^{(k)} \tag{4-74}$$

或

$$\Delta\overline{\boldsymbol{H}}^{(k)}\Delta\boldsymbol{G}^{(k)} = \Delta x^k - \overline{\boldsymbol{H}}^{(k)}\Delta\boldsymbol{G}^{(k)}。 \tag{4-75}$$

由此可以设想，$\Delta\overline{\boldsymbol{H}}^{(k)}$的一种比较简单的形式是

$$\Delta\overline{\boldsymbol{H}}^{(k)} = \Delta x^k\left(\boldsymbol{Q}^{(k)}\right)^{\mathrm{T}} - \overline{\boldsymbol{H}}^{(k)}\Delta\boldsymbol{G}^{(k)}\left(\boldsymbol{W}^{(k)}\right)^{\mathrm{T}} \tag{4-76}$$

其中$\boldsymbol{Q}^{(k)}$和$\boldsymbol{W}^{(k)}$为两个待定列向量。将式（4-76）中的$\Delta\overline{\boldsymbol{H}}^{(k)}$代入（4-75），得

$$\Delta x^k\left(\boldsymbol{Q}^{(k)}\right)^{\mathrm{T}}\Delta\boldsymbol{G}^{(k)} - \overline{\boldsymbol{H}}^{(k)}\Delta\boldsymbol{G}^{(k)}\left(\boldsymbol{W}^{(k)}\right)^{\mathrm{T}}\Delta\boldsymbol{G}^{(k)} = \Delta x^k - \overline{\boldsymbol{H}}^{(k)}\Delta\boldsymbol{G}^{(k)} \tag{4-77}$$

这说明，应使

$$\left(\boldsymbol{Q}^{(k)}\right)^{\mathrm{T}}\Delta\boldsymbol{G}^{(k)} = \left(\boldsymbol{W}^{(k)}\right)^{\mathrm{T}}\Delta\boldsymbol{G}^{(k)} = 1 \tag{4-78}$$

考虑到$\Delta\overline{\boldsymbol{H}}^{(k)}$应为对称阵，最简单的办法就是取

$$\begin{cases}\boldsymbol{Q}^{(k)} = \eta_k\Delta x^k \\ \boldsymbol{W}^{(k)} = \xi_k\overline{\boldsymbol{H}}^{(k)}\Delta\boldsymbol{G}^{(k)}\end{cases} \tag{4-79}$$

由式（4-78）得

$$\eta_k\left(\Delta x^k\right)^{\mathrm{T}}\Delta\boldsymbol{G}^{(k)} = \xi_k\left(\Delta\boldsymbol{G}^{(k)}\right)^{\mathrm{T}}\overline{\boldsymbol{H}}^{(k)}\Delta\boldsymbol{G}^{(k)} = 1 \tag{4-80}$$

若$\left(\Delta x^k\right)^{\mathrm{T}}\Delta\boldsymbol{G}^{(k)}$和$\left(\Delta\boldsymbol{G}^{(k)}\right)^{\mathrm{T}}\overline{\boldsymbol{H}}^{(k)}\Delta\boldsymbol{G}^{(k)}$不等于 0，则有

$$\begin{cases}\eta_k = \dfrac{1}{\left(\Delta x^k\right)^{\mathrm{T}}\Delta\boldsymbol{G}^{(k)}} = \dfrac{1}{\left(\Delta\boldsymbol{G}^{(k)}\right)^{\mathrm{T}}\Delta x^k} \\ \xi_k = \dfrac{1}{\left(\Delta\boldsymbol{G}^{(k)}\right)^{\mathrm{T}}\overline{H}^{(k)}\Delta\boldsymbol{G}^{(k)}}\end{cases} \tag{4-81}$$

于是，得校正矩阵

$$\Delta\overline{\boldsymbol{H}}^{(k)} = \frac{\Delta x^k\left(\Delta x^k\right)^{\mathrm{T}}}{\left(\Delta\boldsymbol{G}^{(k)}\right)^{\mathrm{T}}\Delta x^k} - \frac{\overline{\boldsymbol{H}}^{(k)}\Delta\boldsymbol{G}^{(k)}\left(\boldsymbol{G}^{(k)}\right)^{\mathrm{T}}\Delta\boldsymbol{H}^{(k)}}{\left(\Delta\boldsymbol{G}^{(k)}\right)^{\mathrm{T}}\overline{\boldsymbol{H}}^{(k)}\Delta\boldsymbol{G}^{(k)}} \tag{4-82}$$

从而得到

$$\overline{\boldsymbol{H}}^{(k+1)}=\overline{\boldsymbol{H}}^{(k)}+\frac{\Delta x^{k}\left(\Delta x^{k}\right)^{\mathrm{T}}}{\left(\Delta \boldsymbol{G}^{(k)}\right)^{\mathrm{T}} \Delta x^{k}}-\frac{\overline{\boldsymbol{H}}^{(k)} \Delta \boldsymbol{G}^{(k)}\left(\boldsymbol{G}^{(k)}\right)^{\mathrm{T}} \Delta \boldsymbol{H}^{(k)}}{\left(\Delta \boldsymbol{G}^{(k)}\right)^{\mathrm{T}} \overline{\boldsymbol{H}}^{(k)} \Delta \boldsymbol{G}^{(k)}} \tag{4-83}$$

上述矩阵称为尺度矩阵。通常，我们取第一个尺度矩阵 $\overline{\boldsymbol{H}}^{(0)}$ 为单位阵，以后的尺度矩阵按式（4–83）逐步形成。可以证明：

第一，当 x 不是极小点且 $\overline{\boldsymbol{H}}^{(k)}$ 正定时，式（4–82）右端两项的分母不为 0，从而可按式（4–83）产生下一个尺度矩阵 $\overline{\boldsymbol{H}}^{(k+1)}$；

第二，若 $\overline{\boldsymbol{H}}^{(k)}$ 为对称正定阵，则由式（4–83）产生的 $\overline{\boldsymbol{H}}^{(k+1)}$ 也是对称正定阵；

第三，由此推出 DFP 法的搜索方向为下降方向。

2. 直接法

在无约束非线性规划方法中，遇到问题的目标函数不可导或导函数的解析式难以表示时，人们一般需要使用直接搜索方法。下面介绍 Powell 方法。这个方法主要由所谓的基本搜索、加速搜索和调整搜索方向三部分组成，具体步骤如下：

（1）选取初始数据。选取初始点 x^0 和 n 个线性无关初始方向，组成初搜索方向组 $\left\{p^0, p^1, \cdots, p^{n-1}\right\}$，给定终止误差 $\varepsilon>0$，令 k=0。

（2）进行基本搜索。令 $y^0=x^k$，依次沿 $\left\{p^0, p^1, \cdots, p^{n-1}\right\}$ 中的方向进行一维搜索，对应地得到辅助迭代点 $y^1, y^2, \cdots, y^n$，即

$$y^j=y^{j-1}+t_{j-1} p^{j-1} \tag{4-84}$$

$$f\left(y^{j-1}+t_{j-1} p^{j-1}\right)=\min_{t \geqslant 0} f\left(y^{j-1}+t p^{j-1}\right), \quad j=1, \cdots, n \tag{4-85}$$

（3）构造加速方向。令 $p^n=y^n-y^0$，若 $\left\|p^n\right\| \leqslant \varepsilon$，停止迭代，输出 $x^{k+1}=y^n$。否则进行（4）。

（4）确定调整方向。按 $f\left(y^{m-1}\right)-f\left(y^m\right)=\max\left\{f\left(y^{j-1}\right)-f\left(y^j\right) 1 \leqslant j \leqslant n\right\}$ 找出 m。若 $f\left(y^0\right)-2 f\left(y^n\right)+f\left(2 y^n-y^0\right)<2\left[f\left(y^{m-1}\right)-f\left(y^m\right)\right]$ 成立，进行（5）。否则，进行（6）。

（5）调整搜索方向组。令 $x^{k+1}=y^n+t_n p^n, f\left(y^n+t_n p^n\right)=\min_{t \geqslant 0} f\left(y^n+t p^n\right)$，$k:=k+1$，转（2）。

（6）不调整搜索方向组。令 $x^{k+1} := y^n, k := k+1$，转（2）。

三、约束非线性规划的最优性条件和解法

求解约束极值问题要比求解无约束极值问题困难得多。为了简化其优化工作，可采用以下方法：将约束问题化为无约束问题，将非线性规划问题化为线性规划问题，以及能将复杂问题变换为较简单问题的其他方法。

（一）约束非线性规划问题的最优性条件

定义 7 设 $x^{(0)}$ 是非线性规划问题的一个可行解，使得某个不等式约束 $g_j\left(x^{(0)}\right) \leqslant 0, 1 \leqslant j \leqslant p$ 成立，则有

（1）若 $g_j\left(x^{(0)}\right) < 0$，则称约束条件 $g_j(x) \leqslant 0, 1 \leqslant j \leqslant p$ 是 $x^{(0)}$ 点的无效约束；

（2）若 $g_j\left(x^{(0)}\right) = 0$，则称约束条件 $g_j(x) \leqslant 0, 1 \leqslant j \leqslant p$ 是 $x^{(0)}$ 点的有效约束。

记 $J = \left\{ i \ \ g_j\left(x^*\right) = 0, j = 1, 2, \cdots, p \right\}$ 为有效约束集。

实际上，情形（1）意味着点 $x^{(0)}$ 在可行域内部，当 $x^{(0)}$ 有微小变化时，此约束没有什么影响，情形（2）意味着 $x^{(0)}$ 在可行域的边界上，当 $x^{(0)}$ 有微小变化时，此约束条件起到限制作用。

利用 Lagrange 函数法可以得到关于一般（NP）的最优性必要条件。

定理 4 对于 $(\text{NP}), x^* \in K$，设 $g_j(x)(j \in J)$ 在 x^* 处可微，$g_j(x)(j \notin J)$ 在 x^* 连续，$h_i(x)(i = 1, 2, \cdots, q)$ 在 x^* 的某邻域内连续可微，且有效约束梯度线性无关。如果 x^* 是局部最优解，则存在 $\lambda_j^* \geqslant 0, j \in J, \mu_i^*, i = 1, 2, \cdots, q$，使得

$$\nabla f\left(x^*\right) + \sum_{j \in J} \lambda_j^* \nabla g_j\left(x^*\right) + \sum_{i=1}^{q} \mu_i^* \nabla h_i\left(x^*\right) = 0 \tag{4-86}$$

如果还有 $g_j(x)(j \notin J)$ 在 $x*$ 可微，那么

$$\begin{cases} \nabla f\left(x^*\right) + \sum_{j=1}^{p} \lambda_j^* \nabla g_j\left(x^*\right) + \sum_{i=1}^{q} \mu_i^* \nabla h_i\left(x^*\right) = 0 \\ \lambda_j^* g_j\left(x^*\right) = 0, \quad j = 1, 2, \cdots, p \\ \lambda_j^* \geqslant 0, \quad j = 1, 2, \cdots, p \end{cases} \tag{4-87}$$

称为库恩 – 塔克条件，简称 K–T 条件，满足 K–T 条件的点称为 K–T 点。

K–T 条件是非线性规划领域中最重要的基础理论，是确定某点为最优点

的必要条件，但一般说它并不是充分条件，但对于凸规划，它既是最优点存在的必要条件，同时非线性规划时也是充分条件。

例 用 K-T 条件解非线性规划 $\max\limits_{1\leqslant x\leqslant 6} f(x)=(x-4)^2$。

解 变为

$$\min \bar{f}(x)=-(x-4)^2 \tag{4-88}$$

$$\text{s. t.} \begin{cases} g_1(x)=1-x\leqslant 0 \\ g_2(x)=x-6\leqslant 0 \end{cases} \tag{4-89}$$

$\nabla\bar{f}(x)=-2(x-4),\nabla g_1(x)=1$，$\nabla g_2(x)=-1$ 引入广义 Lagrange 乘子 μ_1^*，μ_2^*，由 K-T 条件得到

$$-2\left(x^*-4\right)+\mu_1^*-\mu_2^*=0,\quad \mu_1^*\left(1-x^*\right)=0,\quad \mu_2^*\left(x^*-6\right)=0,\quad \mu_1^*,\mu_2^*\geqslant 0 \tag{4-90}$$

具体分析如下：若 $\mu_1^*>0,\mu_2^*>0$，引出矛盾，无解；若 $\mu_1^*>0,\mu_2^*=0$，则 $x^*=1$，$f\left(x^*\right)=9\left(\mu_1^*=6\right)$；若 $\mu_1^*=0,\mu_2^*=0$，则 $x^*=4,f\left(x^*\right)=0$；若 $\mu_1^*=0,\mu_2^*>0$，则 $x^*=6,f\left(x^*\right)=4\left(\mu_2^*=4\right)$。所以最大值点 $x^*=1$，最大值 $f\left(x^*\right)=9$。

（二）二次规划

若某非线性规划的目标函数为自变量 x 的二次函数，约束条件又全是线性的，就称这种规划为二次规划。

MATLAB 中二次规划的数学模型可表述如下：

$$\min \frac{1}{2}\boldsymbol{x}^{\mathrm{T}}\boldsymbol{H}\boldsymbol{x}+\boldsymbol{f}^{\mathrm{T}}\boldsymbol{x} \tag{4-91}$$

$$\text{s. t.}\quad \boldsymbol{A}\boldsymbol{x}\leqslant \boldsymbol{b} \tag{4-92}$$

这里 $\boldsymbol{H}$ 是实对称矩阵，$\boldsymbol{f}$，$\boldsymbol{b}$ 是列向量，$\boldsymbol{A}$ 是相应维数的矩阵。

（三）非线性规划的罚函数法

罚函数法求解非线性规划问题的思想是，利用问题中的约束函数作出适当的罚函数，由此构造出带参数的增广目标函数，把问题转化为无约束非线性规划问题。主要有两种形式，一种叫外罚函数法，另一种叫内罚函数法。罚函数是由目标函数和约束函数的某种组合得到的函数，对于等式约束的优化问题

$$\begin{cases} \min f(x) \\ \text{s. t. } h_i(x)=0,\quad i=1,2,\cdots,q \end{cases} \tag{4-93}$$

可以定义罚函数

$$F(x)=f(x)+c\sum_{i=1}^{q}h_i^2(x) \tag{4-94}$$

将约束优化问题转化为无约束优化问题。

对于不等式约束的优化问题

$$\min f(x) \tag{4-95}$$

$$\text{s. t. } g_j(x)\leqslant 0,\quad j=1,2,\cdots,p \tag{4-96}$$

则可以定义如下的罚函数：

$$F(x)=f(x)+c\sum_{j=1}^{p}\frac{1}{g_j(x)} \tag{4-97}$$

外点罚函数法，具体内容如下。

1. 算法原理

外点罚函数法是通过一系列罚因子 $\{c_i\}$，求罚函数的极小值来逼近原约束问题的最优点。之所以称之为外点罚函数法，是因为它是从可行域外部向约束边界逐步靠拢的。

2. 算法步骤

用外点罚函数法求解线性约束问题 $\begin{cases}\min f(x)\\ Ax=b\end{cases}$ 的算法过程如下：

（1）给定初始点 $x^{(0)}$，罚参数列 $\{c_i\}$ 及精度 $\boldsymbol{\varepsilon}>0$，置 k=1；

（2）构造罚函数 $F(x)=f(x)+c\|\boldsymbol{Ax}-\boldsymbol{b}\|^2$；

（3）用某种无约束非线性规划，以 $x^{(k-1)}$ 为初始点求解 $\min F(x)$；

（4）设最优解为 $x^{(k)}$，$x^{(k)}$ 满足某种终止条件，则停止迭代输出 $x^{(k)}$，否则令 $k=k+1$，转（2）。

罚参数列 $\{c_i\}$ 的选法：通常先选定一个初始常数 c_1 和一个比例系数 $\rho\geqslant 2$，则其余的可表示为 $c_i=c_1\rho^{i-1}$。终止条件可采用 $S(x)\leqslant\varepsilon$，其中 $S(x)=c\|\boldsymbol{Ax}-\boldsymbol{b}\|^2$。

3. 算法的 MATLABA 实现

function [x，minf] =minPF（f，x0，A，b，C1，p，var，eps）

目标函数 f；初始点 x0；约束矩阵 A；约束右端向量 b；罚参数的初始常数 C1；罚参数的比例系数 p；自变量向量 var；精度 eps；目标函数取最小值时自变量值 x；目标函数的最小值 minf。

第三节　动态规划方法建模

动态规划是一种将复杂的阶段决策问题转化为一系列比较简单的最优化问题的方法，它的基本特征是优化过程的多阶段性。

动态规划是求解某一类问题的一种方法，是分析问题的一种途径，而不是一种算法，它没有标准的数学表示式和具体的算法，必须具体问题具体分析。

动态规划是一种用于处理多阶段决策问题的数学方法，主要是先将一个复杂的问题分解成相互联系的若干阶段，每个阶段即为一个子问题，然后逐个解决，当每个阶段的决策确定之后，整个过程的决策也就确定了。阶段一般用时间段来表示（即与时间有关），这就是“动态”的含义，我们把这种处理问题的方法称为动态规划方法。

一、动态规划和基本概念和基本方法

（一）动态规划的基本概念

1. 阶段和阶段变量

阶段是指一个问题需要作出决策的步骤，即把问题的过程分为若干个相互联系的阶段，使之能按阶段的次序求解。描述阶段的变量称为阶段变量，常用 k 表示。

2. 状态和状态变量

在多阶段决策过程中，每一阶段都具有一些特征（自然状况或客观条件），这就是状态。用来描述状态的变量称为状态变量，通常第 k 阶段的状态变量用 $s_k(k=1,2,\cdots,n)$ 表示。

3. 决策和决策变量

当过程处于某一阶段的某个状态时，可以作出不同的决定（或选择），从而确定下一阶段的状态，这种决定称为决策。描述决策的变量称为决策变量，用 $x(s_k)$ 表示第 k 阶段 $s_k(k=1,2,\cdots,\ n)$ 状态的决策变量。决策变量的取值范围称为允许决策集合，用 $D_k(s_k)$ 表示第 k 阶段状态 $s_k(k=1,2,\cdots,n)$ 状态的决策变

量集合，即

$$x_k(s_k) \in D_k(s_k)(k=1,2,\cdots,n) \tag{4-98}$$

4. 策略与子策略

一个按顺序排列的决策组成的集合被称为策略。由第 k 阶段开始到终止状态为止的过程，称为问题的后部子过程，或 k 子过程。由 k 子过程的每一阶段的决策按顺序排列组成的决策函数序列 $\{x_k(s_k),\cdots,x_n(s_n)\}$，称为 k 子策略，记为 $P_{k,n}(s_k)$，即

$$P_{k,n}(s_k)=\{x_k(s_k),x_{k+1}(s_{k+1}),\cdots,x_n(s_n)\},k=1,2,\cdots,n \tag{4-99}$$

当 k=1 时，此决策函数序列称为全过程的一个策略，记为 $P_{1,n}(s_1)$，即

$$P_{1,n}(s_1)=\{x_1(s_1),x_2(s_2),\cdots,x_n(s_n)\} \tag{4-100}$$

可供选择的策略范围称为允许策略集合，用 P 表示，从允许策略集合中找出达到最优效果的策略称为最优策略。

5. 状态转移函数

状态转移函数是在确定多阶段决策过程中，由一个状态到另一个状态的演变过程。

如果给定了第 k 阶段状态变量 S_k 和该阶段的决策变量 $x_k(s_k)$，则第 k +1 阶段的状态变量 S_{k+1} 的值也随之而定，即 S_{k+1} 随 S_k 和 $x_k(s_k)$ 的变化而变化。这种对应关系记为 $s_{k+1}=T_k\left[s_k,x_k(s_k)\right]$，称为状态转移方程，$T_k(s_k,x_k)$ 称为状态转移函数。

6. 指标函数（回收函数）

在多阶段决策过程中，用来衡量所实现过程优劣的一种数量指标，称为指标函数，或回收函数。它是定义在全过程或所有子过程上的数量函数，即各阶段的状态和决策变量的函数，记为 $V_{k,n}$，即

$$V_{k,n}=V_{k,n}(s_k,x_k,s_{k+1},x_{k+1},\cdots,s_n,x_n,s_{n+1}),k=1,2,\cdots,n \tag{4-101}$$

指标函数具有可分离性和递推关系：

$$\begin{aligned}&V_{k,n}(s_k,x_k,s_{k+1},x_{k+1},\cdots,s_n,x_n,s_{n+1})\\&=\varphi_k\left[s_k,x_k,V_{k+1,n}(s_{k+1},x_{k+1},\cdots,s_n,x_n,s_{n+1})\right]\end{aligned} \tag{4-102}$$

特别地，有两种常见的形式：

（1）全过程和任一子过程的指标函数是它所包含的各阶段指标函数的和，即

$$V_{k,n}\left(s_k,x_k,s_{k+1},x_{k+1},\cdots,s_n,x_n,s_{n+1}\right)=\sum_{j=k}^{n}v_j\left(s_j,x_j\right) \tag{4-103}$$

递推关系式为

$$V_{k,n}\left(s_k,x_k,s_{k+1},x_{k+1},\cdots,s_n,x_n,s_{n+1}\right)=v_k\left(s_k,x_k\right)+V_{k+1,n}\left(s_{k+1},x_{k+1},\cdots,x_n,s_{n+1}\right) \tag{4-104}$$

（2）全过程和任一子过程的指标函数是它所包含的各阶段指标函数的乘积，即

$$V_{k,n}\left(s_k,x_k,s_{k+1},x_{k+1},\cdots,s_n,x_n,s_{n+1}\right)=\prod_{j=k}^{n}v_j\left(s_j,x_j\right) \tag{4-105}$$

递推关系式为

$$V_{k,n}\left(s_k,x_k,s_{k+1},x_{k+1},\cdots,s_n,x_n,s_{n+1}\right)=v_k\left(s_k,x_k\right) \tag{4-106}$$

$$V_{k+1,n}\left(s_{k+1},x_{k+1},\cdots,x_n,s_{n+1}\right) \tag{4-107}$$

7. 最优值函数

从第 k 阶段状态变量 s_k 开始到第 n 阶段的终止状态 S_{n+1} 的过程，采取最优策略所得到的指标函数值，称为最优值函数，记为$f_k\left(s_k\right)(k=1,2,\cdots,n)$，即

$$f_k\left(s_k\right)=\underset{|x_k+r_{k+1},\dots,x_n|}{\text{opt}}V_{k,n}\left(s_k,x_k,s_{k+1},x_{k+1},\cdots,s_n,x_n,s_{n+1}\right) \tag{4-108}$$

说明：在实际应用中，指标函数的含义可以是距离、利润、成本、时间、产品的产量、资源消耗等。

（二）动态规划的基本条件

要对一个实际问题建立动态规划模型必须要满足下面的五个要素：

（1）问题可以转化为恰当的 n 个阶段。

（2）正确选择状态变量 s_k，使它既能表达过程，又具有无后效性和可知性。

无后效性：如果某阶段状态已给定，则以后过程的发展不受以前各阶段状态的影响，也就是说当前状态就是未来过程的初始状态；

可知性：规定的各阶段状态变量的值，直接或间接地都是可以知道的。

（3）确定决策变量 x_k 及每一阶段的允许决策集合 $D_k\left(s_k\right)$。

（4）写出状态转移方程 $s_k = T_k(s_k), k = 1, 2, \cdots, n$。

（5）正确写出指标函数 $V_{k,n}$ 的关系，它满足下列性质：

第一，它是过程各阶段状态变量和决策变量的函数；

第二，具有可分离性和递推关系，即

$$\begin{aligned} & V_{k,n}(s_k, x_k, s_{k+1}, x_{k+1}, \cdots, s_n, x_n, s_{n+1}) \\ & = \varphi_k\left[s_k, x_k, V_{k+1,n}(s_{k+1}, x_{k+1}, \cdots, s_n, x_n, s_{n+1})\right] \end{aligned} \quad (4\text{–}109)$$

第三，函数 $\varphi_k\left[s_k, x_k, V_{k+1,n}(s_{k+1}, x_{k+1}, \cdots, s_n, x_n, s_{n+1})\right]$ 是关于 $V_{k+1,n}$ 严格单调的。

（三）动态规划的基本方程

1. 逆序解法

设指标函数的形式为

$$V_{k,n}(s_k, x_k, s_{k+1}, x_{k+1}, \cdots, s_n, x_n, s_{n+1}) = \sum_{j=k}^{n} v_j(s_j, x_j) \quad (4\text{–}110)$$

且具有上面的三条性质，则

$$V_{k\cdot n} = v_k(s_k, x_k) + V_{k+1,n}(s_{k+1}, x_{k+1}, \cdots, x_n, s_{n+1}) \quad (4\text{–}111)$$

如果初始状态 S_k 给定，则决策变量 $x_k(s_k)$ 随之确定，k 子过程的策略 $p_{k,n}(s_k)$ 也就确定，而指标函数 $V_{k,n}$ 也同时确定了。于是，指标函数可以看成初始状态和策略的函数，即对 k 子过程的指标函数为 $V_{k,n}\left[s_k, p_{k,n}(s_k)\right]$，且有递推关系

$$V_{k,n}\left[s_k, p_{k,n}(s_k)\right] = v_k(s_k, x_k) + V_{k+1,n}\left[s_{k+1}, p_{k+1,n}(s_{k+1})\right] \quad (4\text{–}112)$$

式中：子策略为 $p_{k,n}(s_k) = \{x_k(s_k), p_{k+1,n}(s_{k+1})\}$，为决策变量 $x_k(s_k)$ 和子策略 $p_{k+1,n}(s_{k+1})$ 的集合。

如果 $p_{k,n}^*(s_k)$ 表示以第 k 阶段状态 s_k 为初始状态的后部子过程所有子策略中的最优子策略，则最优值函数为

$$f_k(s_k) = V_{k,n}\left[s_k, p_{k,n}^*(s_k)\right] = \text{opt}_{p_{k,n}}\left[s_{k,n}, p_{k,n}(s_k)\right] \quad (4\text{–}113)$$

其中

$$\underset{p_{k,n}}{\text{opt}}\, V_{k,n}\left[s_k, p_{k,n}(s_k)\right] = \underset{\{x_k \cdot p_{k+1,n}\}}{\text{opt}}\left\{v_k(s_k, x_k) + V_{k+1,n}\left[s_{k+1}, p_{k+1,n}(s_{k+1})\right]\right\}$$

$$= \underset{x_k \in D_k(s_k)}{\text{opt}} \left\{ v_k(s_k, x_k) + \text{opt} V_{k+1,n}\left[s_{k+1}, p_{k+1,n}(s_{k+1})\right] \right\} \tag{4-114}$$

因为

$$f_{k+1}(s_{k+1}) = \underset{p_{k+1,n}}{\text{opt}} V_{k+1,n}\left[s_{k+1}, p_{k+1,n}(s_{k+1})\right] \tag{4-115}$$

所以

$$\begin{cases} f_k(s_k) = \underset{x_k \in D_k(s_k)}{\text{opt}} \left\{ v_k(s_k, x_k) + f_{k+1}(s_{k+1}) \right\}, k = n, n-1, \cdots, 1 \\ f_{n+1}(s_{n+1}) = 0 \text{或} f_n(s_n) = v_n(s_n, x_n) \end{cases} \tag{4-116}$$

上式为动态规划逆序解法的基本方程。求解时，根据边界条件，从 $k=n$ 开始，由后向前逆推，逐段求最优决策和过程的最优值，最后求出 $f_1(s_1)$ 为问题的最优解。

2. 顺序解法

设过程的第 k 阶段的状态为 s_k，其决策变量 x_k 表示当状态处于 S_{k+1} 的决策，即由 $x_k(s_{k+1})$ 确定，则状态转移方程为 $s_k = T_k^r(s_{k+1}, x_k)$，$k$ 阶段的允许决策集合记为 $D_k^r(s_{k+1})$，指标函数定义为 $V_k(s_{k+1}, x_k, s_k, x_{k-1}, \cdots, x_1, s_1)$，其最优值函数为

$$f_k(s_{k+1}) = \underset{x_k \in D_k^r(s_{k-1})}{\text{opt}} \left\{ V_k(s_{k-1}, x_k, s_k, x_{k-1}, \cdots, x_1, s_1) \right\} \tag{4-117}$$

则

$$\begin{cases} f_k(s_{k+1}) = \text{opt}_{x_k \in V_k^r(s_{k+1})} \left\{ v_k(s_{k+1}, x_k) + f_{k-1}(s_k) \right\}, k = 1, 2, \cdots, n \\ f_0(s_1) = 0 \end{cases} \tag{4-118}$$

此为动态规划顺序解法的基本方程。

求解时，由边界条件，从 $k=1$ 开始，由前向后顺推，逐段求出最优决策和过程的最优解，最后求出 $f_n(s_{n+1})$ 为问题的最优解。

二、动态规划的求解方法

动态规划的求解方法有逆序解法和顺序解法两种。如果已知过程的初始状态 s_1，则用逆序解法；如果已知过程的终止状态 S_{n+1}，则用顺序解法。

（一）逆序解法

设已知初始状态为 s_1，用 $f_k(s_k)$ 示从第 k 阶段初始状态 S_k 到第 n 阶段的最优值。

第 n 阶段：指标函数的最优值记为 $f_n(s_n)=\underset{x_n\in D_n(s_n)}{\text{opt}}\ v_n(s_n,x_n)$，这是一维极值问题，不妨设有最优解 $x_n=x_n(s_n)$，于是可有最优值 $f_n(s_n)$。

第 $n-1$ 阶段：类似地有

$$f_{n-1}(s_{n-1})=\underset{x_{n-1}\in D_{n-1}(s_{n-1})}{\text{opt}}\left\{v_{n-1}(s_{n-1},x_{n-1})*f_n(s_n)\right\} \tag{4-119}$$

其中 $s_n=T_{n-1}(s_{n-1},x_{n-1})$，可解得最优解 $x_{n-1}=x_{n-1}(s_{n-1})$，于是最优值为 $f_{n-1}(s_{n-1})$。

不妨设第 $k+1$ 阶段的最优解为 $x_{k+1}=x_{k+1}(s_{k+1})$ 和最优值为 $f_{k+1}(s_{k+1})$，则对于第 k 阶段有

$$f_k(s_k)=\underset{x_k\in D_k(s_k)}{\text{opt}}\left\{v_k(s_k,x_k)*f_{k+1}(s_{k+1})\right\} \tag{4-120}$$

其中 * 表示“+”或“×”，$s_{k+1}=T_k(s_k,x_k)$，可解得最优解 $f_{k+1}(s_{k+1})$ 和最优值为 $f_k(s_k)$。

依此类推，直到第 1 阶段，有 $f_1(s_1)=\underset{x_1\in D_1(s_1)}{\text{opt}}\left\{v_1(s_1,x_1)*f_2(s_2)\right\}$，其中 $s_2=T_1(s_1,x_1)$，可解得最优解 $x_1=x_1(s_1)$ 和最优值为 $f_1(s_1)$。

由于已知 s_1，则可知 x_1 与 $f_1(s_1)$，从而可知 $s_2,x_2,f_2(s_2)$，按上面的过程反推回去，即可得到每一阶段和全过程的最优决策。

（二）顺序解法

设已知初始状态 S_{n+1}，用 $f_k(s_{k+1})$ 表示从第 1 阶段初始状态 s_1 到第 k 阶段末的结束状态 S_{n+1} 的最优值。

第一阶段：指标函数的最优值记为

$$f_1(s_2)=\underset{x_1\in D_1(s_1)}{\text{opt}}\ v_1(s_1,x_1),s_1=T_1(s_2,x_1) \tag{4-121}$$

可解得最优解 $x_1=x_k(s_2)$ 和最优值 $f_1(s_2)$。

第二阶段：类似地有

$$f_2(s_3)=\underset{x_2\in D_2(S_2)}{\text{opt}}\left\{v_2(s_2,x_2)*f_1(s_2)\right\} \tag{4-122}$$

其中$s_2=T_2(s_3,x_2)$，可解得最优解$x_2=x_2(s_3)$，于是最优值为$f_2(s_3)$。

不妨设第k阶段有

$$f_k(s_{k+1})=\text{opt}_{x_k\in D_k(s_k)}\{v_k(s_k,x_k)*f_{k-1}(s_k)\} \tag{4-123}$$

其中$s_k=T_k(s_{k+1},x_k)$，可解得最优解$x_k=x_k(s_{k+1})$，于是最优值为$f_k(s_{k+1})$。

以此类推，直到第n阶段有

$$f_n(s_{n+1})=\underset{x_n\in D_n(s_n)}{\text{opt}}\{v_n(s_n,x_n)*f_{n-1}(s_n)\} \tag{4-124}$$

其中$s_n=T_n(s_{n+1},x_n)$，可解得最优解$x_n=x_n(s_{n+1})$和最优值$f_n(S_{n+1})$。

由于已知S_{n+1}，则可知x_n与$f_n(s_{n+1})$，从而可知S_n，x_{n-1}，$f_{n-1}(s_n)$，按上面的过程反推回去，直到求得$s_2,x_1,f_1(s_2)$，即得到整个过程和各阶段的最优决策。

三、动态规划方法的应用

（一）静态规划的动态规划解法

所谓的静态规划是与时间概念无关的规划问题，例如：线性规划、目标规划、整数规划、非线性规划等。而动态规划是与时间概念有关的规划问题，动态规划的特点就是将问题按时间或空间特征而分成若干个阶段，从而将整个决策过程化为多阶段的决策问题。这也就是动态规划与静态规划的区别，对某些静态规划问题可以人为地引入时间因素，视为一个按阶段进行的动态规划问题，利用动态规划的方法求解。

在实际中，许多问题都具有形式上相同的数学模型，如载货问题、分配问题、背包问题等，其模型的一般形式为

$$\max z=\sum_{j=1}^{n}g_j(x_j)\left(\text{或}\prod_{j=1}^{n}g_j(x_j)\right) \tag{4-125}$$

$$\begin{cases}\sum_{j=1}^{n}a_jx_j\leqslant b\\0\leqslant x_j\leqslant c_j,j=1,2,\cdots,n\end{cases} \tag{4-126}$$

其中$g_j(x_j)$为已知函数。当$g_j(x_j)$均为线性函数时，则是线性规划；当$g_j(x_j)$不全为线性函数时，则是非线性规划；当x_j为整数时，则是整数规划。

一般解法：把问题分为 n 个阶段，取 x_k 为第 k 阶段的决策变量，此时 $f_{n+1}(s_{n+1})=0$ 为边界条件，则问题的基本方程为

$$\begin{cases} f_k(s_k)=\max\left[g_k(x_k)+f_{k+1}(s_{k+1})\right] \\ f_{n+1}(s_{n+1})=0 \end{cases} \tag{4-127}$$

状态变量为 $s_k=\sum\limits_{i=k}^{n}a_ix_i(k=1,2,\cdots,n)$；

允许决策集合为 $D_k(s_k)=\left\{x_k\ 0\leqslant x_k\leqslant\min\left(c_k,\dfrac{s_k}{a_k}\right)\right\},k=1$，2，…，$n$；

允许状态集合为 $S_k=\{s_k\ 0\leqslant s_k\leqslant b\}(1<k\leqslant n),S_1=\{b\}$；

状态转移函数为 $s_{k+1}=s_k-a_kx_k(k=1,2,\cdots,n-1),s_{n+1}=0$。

注：当决策变量 x_k 要求取整数时，只要将允许决策集合限制在整数集合内取值即可。

（二）资源分配问题的动态规划模型

设有某种资源总数量为 a，用于生产 n 种产品，如果分配数量 x_k 用于生产第 k 种产品，其效益为 $g_k(x_k)$，问如何分配资源使生产 n 种产品的总效益最大？

此问题的静态模型为

$$\max z=\sum_{k=1}^{n}g_k(x_k) \tag{4-128}$$

$$\begin{cases} \sum\limits_{k=1}^{n}x_k=a \\ x_k\geqslant 0,k=1,2,\cdots,n \end{cases} \tag{4-129}$$

用动态规划方法求解，构造动态规划模型如下：

设状态变量 s_k 表示分配用于生产第 k 种产品至第 n 种产品的资源数量，决策变量 x_k 表示分配给生产第 k 种产品的资源数量，状态转移方程为 $s_{k+1}=s_k-x_k(s_1=a)$，允许决策方程为 $D_k(s_k)=\{x_k\ 0\leqslant x_k\leqslant s_k\},k=1,2,\cdots,n$。最优值 $f_k(s_k)$ 表示以 x_k 数量的资源分配给第 k 种产品至第 n 种产品所得的最大效益，则问题的基本方程为 $s_{k+1}=s_k-x_k(s_1=a)$，允许决策方程为 $D_k(s_k)=\{x_k\ 0\leqslant x_k\leqslant s_k\}$，

$k=1,2,\cdots,n$。最优值函数$f_k\left(s_k\right)$表示以s_k数量的资源分配给第k种产品至第n种产品所得的最大效益，则问题的基本方程为

$$\begin{cases} f_k\left(s_k\right)=\max_{0\leqslant r_k\leqslant s_k}\left[g_k\left(x_k\right)+f_{k+1}\left(s_{k+1}\right)\right], k=n,n-1,\cdots,1 \\ f_n\left(s_n\right)=\max_{x_n-s_n} g_n\left(x_n\right) \gg f_{n+1}\left(s_{n+1}\right)=0 \end{cases} \tag{4-130}$$

其最优值为$f_1(a)$。

（三）生产与存储问题的动态规划模型

设某企业（公司）对某种产品要制订一项n个阶段的生产（采购）计划。已知初始库存量为0，每阶段生产（或采购）的数量有上限为m，每阶段的需求量已知为$d_k(k=1,2,\cdots,n)$（满足需要），且在第n阶段结束时库存量为0。问如何制订每个阶段的生产（采购）计划使总的成本费用最小？

设s_k为第k阶段的生产量(或采购量)，s_k为第k阶段结束时的库存量，则$s_k=\sum_{i=1}^{k}\left(x_i-d_i\right)$，$c_k\left(x_k\right)$表示第$k$阶段生产产品$x_k$时的成本费用，包括准备成本$K$和产品成本$ax_k$（$a$为单位产品的成本），即

$$c_k\left(x_k\right)=\begin{cases} 0, & x_k=0 \\ K+ax_k, & x_k=1,2,\cdots,m \\ \infty, & x_k>m \end{cases} \tag{4-131}$$

$h_k\left(s_k\right)$表示k阶段末库存量为s_k所需的存储费用，则k阶段的费用为$g_k=c_k\left(x_k\right)+h_k\left(s_k\right)$，于是，问题的静态模型为

$$\min z=\sum_{k=1}^{n}\left[c_k\left(x_k\right)+h_k\left(s_k\right)\right] \tag{4-132}$$

$$\begin{cases} s_0=0, s_n=0 \\ s_k=\sum_{i=1}^{k}\left(x_i-d_i\right)\geqslant 0, k=1,2,\cdots,n-1 \\ 0\leqslant x_k\leqslant m, x_k\in\mathbf{Z}, k=1,2,\cdots,n \end{cases} \tag{4-133}$$

此问题的动态规划模型即为一整数非线性规划。

用动态规划方法求解，采用顺序解法：s_k为状态变量，x_k为决策变量，指标函数为$g_k=c_k\left(x_k\right)+h_k\left(s_k\right)$，状态转移方程为$s_k=s_{k-1}+x_k-d_k$，允许决策集合为$D_k\left(s_k\right)=\left\{x_k\ 0\leqslant x_k\leqslant\sigma_k\right\}$，$\sigma_k=\min\left\{m,s_k+d_k\right\}$，从第1阶段到第$k$阶段末的最

小费用为$f_k(s_k)$，则问题的基本方程为

$$f_k(s_k)=\min_{x_k\in D_k(s_k)}\left[c_k(x_k)+h_k(s_k)+f_{k-1}(s_{k-1})\right],k=1,2,\cdots,n \tag{4-134}$$

$$f_0(s_0)=0,\ \gg f_1(s_1)=\min_{0\leqslant r_1\leqslant\sigma_1}\left[c_1(x_1)+h_1(s_1)\right] \tag{4-135}$$

从边界条件出发，由基本方程可以算出每一阶段的$f_k(s_k)$，最后可得$f_n(s_n)=f_n(0)$为全过程的最优值，即最小费用。

（四）背包问题的动态规划模型

设某人要装一个背包，可装物品的质量限度为a kg，共有n种物品供选择(即编号为1，2，…，n)。假设已知第k种物品质量为ω_k kg/件，携带s_k件的使用价值为$c_k(x_k)(k=1,2,\cdots,n)$，问应如何选择物品（各多少件），使总的使用价值最大？

设x_k为选择第k种物品的件数，则问题的静态规划模型为

$$\max f=\sum_{k=1}^{n}c_k(x_k) \tag{4-136}$$

$$\begin{cases}\sum\limits_{k=1}^{n}w_kx_k\leqslant a,\\ x_k\geqslant 0,x_k\in\mathbf{Z},k=1,2,\cdots,n\end{cases} \tag{4-137}$$

这是一个整数非线性规划问题。

问题的动态规划模型：设将n种物品分为n个阶段，状态变量s_k表示选择第1种至第k种物品的总质量，即$s_k=\sum\limits_{i=1}^{k}w_ix_i,s_{n+1}\leqslant a$，决策变量为$x_k$表示选择第$k$种物品的件数，则状态转移方程为$s_k=s_{k+1}-x_{k+1}w_{k+1}$，允许决策集合为$D_k(s_k)=\left\{x_k\ 0\leqslant x_k\leqslant\left[\dfrac{s_{k+1}}{w_k}\right]\right\}$，最优值函数$f_k(s_k)$表示总质量不超过$s_k$ kg时，选择第1种至第k种物品的最大使用价值，即$f_k(s_k)=\max\limits_{\sum_{k=1}^{n}w_kx_k\leqslant s_k}\sum\limits_{i=1}^{k}c_i(x_i)$。于是可得顺序解法的基本方程为

$$\begin{cases}f_k(s_{k+1})=\max\limits_{x_k\in D_k(s_k)}\left\{c_k(x_k)+f_{k-1}(s_k)\right\},k=2,3,\cdots,n\\ f_1(s_2)=\max\limits_{x_1\in D_1(s_1)}\left\{c_1(x_1)\right\}\end{cases} \tag{4-138}$$

用顺序解法求解得各阶段的最优值函数 $f_1(s_2), f_2(s_3), \cdots, f_n(a)$ 以及相应的决策函数 $x_1(s_2), x_2(s_3), \cdots, x_n(a), f_n(a)$ 为过程的最优值，反推回去可得到最优策略。

第四节　整数线性规划建模

一、整数规划的数学模型

在某些线性规划问题中，变量只有取整数值才有意义，这时约束条件中还需要添上变量取整数值的限制。这就是整数线性规划问题，其一般形式为

$$\min z = \sum_{j=1}^{n} c_j x_j \tag{4-139}$$

$$\text{s. t.} \begin{cases} \sum_{j=1}^{n} a_{ij} x_j = b_j & (i = 1, 2, \cdots, m) \\ x_j \text{ 为非负整数} & (j = 1, 2, \cdots, n) \end{cases} \tag{4-140}$$

将上式称为纯整数规划。若其中只有部分变量要求取整数，则称为混合整数规划；变量只能取 0 或 1 时，称为 0–1 整数规划。目前所流行的求解整数规划的方法，往往只适用于整数线性规划，还没有一种方法能有效地求解一切整数规划。

（一）整数规划特点

（1）原线性规划有最优解，当自变量限制为整数后，其整数规划解出现下述情况：

①原线性规划最优解全是整数，则整数规划最优解与线性规划最优解一致。

②整数规划无可行解。

例 原线性规划为

$$\min z = x_1 + x_2 \tag{4-141}$$

$$\text{s. t. } 2x_1 + 4x_2 = 5, \quad x_1 \geqslant 0, x_2 \geqslant 0 \tag{4-142}$$

其最优实数解为

$$x_1 = 0, x_2 = \frac{5}{4}, \min z = \frac{5}{4} \tag{4-143}$$

③有可行解（当然存在最优解），但最优解必不会优于原线性规划的最优解。

例 原线性规划为

$$\min z = x_1 + x_2 \tag{4-144}$$

$$\text{s. t. } 2x_1 + 4x_2 = 6, \quad x_1 \geqslant 0, x_2 \geqslant 0 \tag{4-145}$$

最优实数解为 $x_1 = 0, x_2 = \frac{3}{2}, \min z = \frac{3}{2}$。若限制整数，得 $x_1 = 1, x_2 = 1, \min z = 2$。

（2）整数规划最优解不能按照实数最优解简单取整而获得。

（二）求解方法分类

（1）分支定界法——可求纯或混合整数线性规划。

（2）割平面法——可求纯或混合整数线性规划。

（3）隐枚举法——求解 0–1 整数规划，包括过滤隐枚举法和分支隐枚举法。

（4）匈牙利法——解决分派问题（0–1 规划特殊情形）。

（5）蒙特卡洛法——求解各种类型规划。

二、整数规划的常用求解方法

（一）分支定界法

对有约束条件的最优化问题（其可行解为有限数）的可行解空间恰当地进行系统搜索，这就是分支与定界内容。通常，把全部可行解空间反复地分割为越来越小的子集，称为分支；对每个子集内的解集计算一个目标下界（对于最小值问题），这称为定界。在每次分支后，凡是界限不优于已知可行解集目标值的那些子集不再进一步分支，这样许多子集可不予考虑，这称为剪支。这就是分支定界法的主要思路。

分支定界法可用于解纯整数或混合的整数规划问题。在 20 世纪 60 年代初由 Land Doig 和 Dakin 等提出。由于方法灵活且便于用计算机求解，所以现在它已是解整数规划的重要方法，目前已成功地应用于求解生产进度问题、旅行商问题、工厂选址问题、背包问题及分派问题等。

设有最大化的整数规划问题 A，与它相应的线性规划为问题 B，从解问题 B 开始，若其最优解不符合 A 的整数条件，那么 B 的最优目标函数必是 A 的最优目标函数 z^* 的上界，记作 $\bar{z}$；而 A 的任意可行解的目标函数值将是 z^* 的一个下界 $\underline{z}$。分支定界法就是将 B 的可行域分成子区域再求其最大值的方法。逐步减小 $\bar{z}$ 和增大 $\underline{z}$，最终求得 z^*。现用下例来说明。

例 求解下述整数规划：

$$\max z = 40x_1 + 90x_2 \tag{4-146}$$

$$\text{s. t.} \begin{cases} 9x_1 + 7x_2 \leqslant 56, \\ 7x_1 + 20x_2 \geqslant 70, \\ x_1, x_2 \geqslant 0, \text{且为整数} \end{cases} \tag{4-147}$$

解（1）先不考虑整数限制，即解相应的线性规划 B，得最优解为

$$x_1 = 4.8092, \quad x_2 = 1.8168, \quad z = 355.8779 \tag{4-148}$$

可见它不符合整数条件。这时 z 是问题 A 的最优目标函数值 z^* 的上界，记作 z；而 $x_1 = 0, x_2 = 0$ 显然是问题 A 的一个整数可行解，这时 z=0，是 z^* 的一个下界，记作 $\underline{z}$，即 $0 \leqslant z^* \leqslant 356$。

（2）因为 x_1, x_2 当前均为非整数，故不满足整数要求，任选一个进行分支。设选 x_1 进行分支，把可行集分成两个子集：

$$x_1 \leqslant [4.8092] = 4, \quad x_1 \geqslant [4.8092] + 1 = 5 \tag{4-149}$$

因为 4 与 5 之间无整数，故这两个子集内的整数解必与原可行集合整数解一致，这一步称为分支，这两个子集的规划及求解如下：

问题 B_1：

$$\max z = 40x_1 + 90x_2 \tag{4-150}$$

$$\text{s. t.} \begin{cases} 9x_1 + 7x_2 \leqslant 56 \\ 7x_1 + 20x_2 \geqslant 70 \\ 0 \leqslant x_1 \leqslant 4, x_2 \geqslant 0 \end{cases} \tag{4-151}$$

问题 B_2：

$$\max z = 40x_1 + 90x_2 \tag{4-152}$$

$$\text{s. t.} \begin{cases} 9x_1 + 7x_2 \leqslant 56 \\ 7x_1 + 20x_2 \geqslant 70 \\ x_1 \geqslant 5, x_2 \geqslant 0 \end{cases} \tag{4-153}$$

B_1 最优解为 $x_1 = 4.0, x_2 = 2.1, z_1 = 349$；$B_2$ 最优解为 $x_1 = 5.0, x_2 = 1.57, z_1 = 341.4$。因此，再定界 $0 \leqslant z^* \leqslant 349$。

（3）对问题 B_1 再进行分支得问题 B_{11} 和 B_{12}，它们的最优解为 $B_{21}: x_1 = 5.44, x_2 = 1.00, z_{22} = 308;$ B_{22} 无可行解。将 B_{21}，B_{22} 剪支，于是可以断定原问题的最优解为 $x_1 = 4, x_2 = 2, z^* = 340$。

从以上解题过程可得用分支定界法求解整数规划（最大化）问题的步骤如下：

将要求解的整数规划问题称为问题 A，将与它相应的线性规划问题称为问题 B。

解问题 B 可能得到以下情况之一：

（1）B 没有可行解，这时 A 也没有可行解，则停止；

（2）B 有最优解，并符合问题 A 的整数条件,B 的最优解即为 A 的最优解，则停止；

（3）B 有最优解，但不符合问题 A 的整数条件，记它的目标函数值为 $\bar{z}$。

用观察法找问题 A 的一个整数可行解，一般可取 $x_j = 0, j = 1, \cdots, n$，试探，求得其目标函数值，并记作 $\underline{z}$。以 z^* 表示问题 A 的最优目标函数值，这时有

$$z \leqslant z^* \leqslant \bar{z} \tag{4-154}$$

进行迭代。

第一步：分支，在 B 的最优解中任选一个不符合整数条件的变量 x_j，其值为 b_j，以 [b_j] 表示小于 b_j 的最大整数。构造两个约束条件 $x_j \leqslant \left[b_j\right]$ 和 $x_j \geqslant \left[b_j\right] + 1$。将这两个约束条件分别加入问题 B，求两个后继规划问题 B_1 和 B_2。不考虑整数条件求解这两个后继问题。

定界，以每个后继问题为一分支标明求解的结果，在与其他问题的解的结果中，找出最优目标函数值最大者作为新的上界 $\bar{z}$。从已符合整数条件的各分支中，找出目标函数值为最大者作为新的下界 $\underline{z}$，若无作用 $\underline{z}$ =0。

第二步：比较与剪支，各分支的最优目标函数中若有小于 $\underline{z}$ 者，则剪掉这支，即以后不再考虑了。若大于 z，且不符合整数条件，则重复第一步。直到最后得到 $z^* = \underline{z}$ 为止。得最优整数解 x_j^*，$j = 1, \cdots, n$。

（二）割平面法

考虑整数线性规划：

$$\min z = CX \tag{4-155}$$

$$\text{s.t.}\begin{cases}AX = b\\ X = \left(x_1, x_2, \cdots, x_n\right)^{\mathrm{T}}\\ x_j \text{ 为整数}(j = 1, 2, \cdots, n)\end{cases} \tag{4-156}$$

设解式（4–156）所得结果为

$$\begin{cases}x_1 + b_{1m+1}x_{m+1} + \cdots + b_{1n}x_n = b_{10}\\ \cdots\cdots\\ x_m + b_{mm+1}x_{m+1} + \cdots + b_{mn}x_n = b_{mn}\end{cases} \tag{4-157}$$

其中，$b_{i0} \geqslant 0, C_j' \geqslant 0 (i = 1, \cdots m; j = 1, \cdots, n)$，最优解 $X^0 = \left(b_{10}, \cdots, b_{m0}, 0, \cdots, 0\right)^{\mathrm{T}}$ 可作为问题（P）的第一个逼近解。于是

（1）若全部 b_{i0} 为整数解，则 X^0 为（P）的解；

（2）若存在 b_{i0} 不为整数，我们考虑约束方程组中相应的方程

$$x_r + \sum_{j=m+1}^{n} b_{rj}x_j = b_{r0} \tag{4-158}$$

它可写成

$$x_r + \sum_{j=m+1}^{n}\left[b_{rj}\right]x_j + \sum_{j=m+1}^{n} f_{rj}x_j = \left[b_{r0}\right] + f_{r0} \tag{4-159}$$

这里，符号 $[t]$ 表示不超过 t 的最大整数，$f_{rj} = b_{rj} - \left[b_{rj}\right], 0 \leqslant f_{rj} \leqslant 1$，$f_{r0} = b_{r0} - \left[b_{r0}\right]$，$0 \leqslant f_{r0} \leqslant 1$。由式（4–159）有

$$x_r + \sum_{j=m+1}^{n}\left[b_{rj}\right]x_j \leqslant \left[b_{r0}\right] + f_{r0} \tag{4-160}$$

若原问题（P）有整数解，则由式（4–159）又可得 $x_r + \sum_{j=m+1}^{n}\left[b_{rj}\right]x_j \leqslant \left[b_{r0}\right]$，或

$$x_r + \sum_{j=m+1}^{n}\left[b_{rj}\right]x_j + y_r = \left[b_{r0}\right]，\ y_r \geqslant 0 \text{ 为整数。} \tag{4-161}$$

用式（4–161）减去式（4–158），得式（4–162）：

$$y_r+\sum_{j=m+1}^{n}f_{rj}x_j=-f_{r0} \tag{4–162}$$

这是在原问题有整数解的假定下导出来的新的约束条件，称为割平面方程。用来导出式（4–162）的方程，称为诱导方程。

三、0–1 整数规划及其解法

0–1 型整数规划是整数规划中的特殊情形，它的变量 x_j 仅取值 0 或 1。这时 x_j 称为 0–1 变量，或称二进制变量。x_j 仅取值 0 或 1 这个条件可由约束条件 $0\leqslant x_j\leqslant 1$，$x_j$ 取整数所代替，是和一般整数规划的约束条件形式一致的。在实际问题中，如果引入 0–1 变量，就可以把有各种情况需要分别讨论的线性规划问题统一在一个问题中讨论了。

（一）0–1 变量的应用实例

1. 投资场所的选定——相互排斥的计划

例 某公司拟在市东、西、南三区建立门市部。拟议中有 7 个位置（点）$A_i(i=1,2,\cdots,7)$ 可供选择。规定在东区，由 A_1,A_2,A_3 三个点中至多选两个；在西区，由 A_4,A_5 两个点中至少选一个；在南区，由 A_6,A_7 两个点中至少选一个。 如选用 A_i 点，设备投资估计为 b_i 元，每年可获利润估计为 c_i 元，但投资总额不能超过 B 元。问选择哪几个点可使年利润为最大？

解题时先引入 0–1 变量 $x_i(i=1,2,\cdots,7)$，令

$$x_i=\begin{cases}1, & \text{当}A_i\text{点被选中,}\\ 0, & \text{当}A_i\text{点没被选中,}\end{cases}\quad i=1,2,\cdots,7 \tag{4–163}$$

于是问题可列写成

$$\max z=\sum_{i=1}^{7}c_ix_i \tag{4–164}$$

$$\text{s. t.}\begin{cases}\sum\limits_{i=1}^{7}b_ix_i\leqslant B\\ x_1+x_2+x_3\leqslant 2\\ x_4+x_5\geqslant 1\\ x_6+x_7\geqslant 1,\quad x_i=0\text{或}1\end{cases} \tag{4–165}$$

2. 相互排斥的约束条件

（1）有两个相互排斥的约束条件：$5x_1+4x_2 \leqslant 24$ 或 $7x_1+3x_2 \leqslant 45$，为了统一在一个问题中，引入 0-1 变量 y，则上述约束条件可改写为

$$\begin{cases} 5x_1+4x_2 \leqslant 24+yM \\ 7x_1+3x_2 \leqslant 45+(1-y)M \\ y=0\text{或}1 \end{cases} \tag{4-166}$$

其中 M 是充分大的数。

（2）约束条件 $x_1=0$ 或 $500 \leqslant x_1 \leqslant 800$ 可改写为

$$\begin{cases} 500y \leqslant x_1 \leqslant 800y \\ y=0\text{ 或 }1 \end{cases} \tag{4-167}$$

（3）如果有 m 个互相排斥的约束条件 $a_{i1}x_1+\cdots+a_{in}x_n \leqslant b_i$，$i=1,2,\cdots,m$，为了保证这 m 个约束条件只有一个起作用，我们引入 m 个 0-1 变量 $y_i(i=1,2,\cdots,m)$ 和一个充分大的常数 M，而下面这一组 m+1 个约束条件

$$a_{i1}x_1+\cdots+a_{in}x_n \leqslant b_i+y_iM,\quad i=1,2,\cdots,m \tag{4-168}$$

$$y_1+\cdots+y_m=m-1 \tag{4-169}$$

就符合上述的要求。这是因为，由于（4-169），m 个 y_i 中只有一个能取 0 值，设 $y_i^*=0$，代入（4-168），就只有 $i=i^*$ 的约束条件起作用，而别的式子都是多余的。

3. 关于固定费用的问题

在讨论线性规划时，有些问题要求使成本最小。这时总设固定成本为常数，在线性规划的模型中不必明显列出。但有些固定费用（固定成本）的问题不能用一般线性规划来描述，但可改变为混合整数规划来解决，见下例。

例 某工厂为了生产某种产品，有几种不同的生产方式可供选择，如选定的生产方式投资高（选购自动化程度高的设备），由于产量大，因而分配到每件产品的变动成本就降低；反之，如选定的生产方式投资低，将来分配到每件产品的变动成本可能增加。所以必须全面考虑。今设有三种方式可供选择，令 x_j 表示采用第 j 种方式时的产量，c_j 表示采用第 j 种方式时每件产品的变动成本，k_j 表示采用第 j 种方式时的固定成本。

为了说明成本的特点，暂不考虑其他约束条件。采用各种生产方式的总成本分别为

$$P_i=\begin{cases}k_i+c_ix_i, & x_j>0,\\ 0, & x_j=0,\end{cases}\quad j=1,2,3 \tag{4-170}$$

在构成目标函数时，为了统一在一个问题中讨论，现引入 0–1 变量 y_i，令

$$y_j=\begin{cases}1, & \text{当采用第}j\text{种,即}x_j>0\text{时}\\ 0, & \text{当不采用第}j\text{种生产方式，即}x_j=0\text{时}\end{cases} \tag{4-171}$$

于是目标函数为 $\min z=\left(k_1y_1+c_1x_1\right)+\left(k_2y_2+c_2x_2\right)+\left(k_3y_3+c_3x_3\right)$。

式（4–171）这个规定可表为下述三个线性约束条件：

$$x_j\leqslant y_jM,\quad j=1,2,3 \tag{4-172}$$

其中 M 是充分大的常数。式（4–172）说明，当 $x_j>0$ 时 y_j 必须为 1；当 $x_j=0$ 时只有 y_j 为 0 时才有意义，所以式（4–172）完全可以代替式（4–171）。

（二）0–1 整数规划解法

1. 过滤隐枚举法

使用穷举法求解 0–1 整数规划，需要检查变量取值为 0 或 1 的每一种组合，比较目标函数值以求得最优解，这就需要检查变量取值的 2^n 个组合。变量个数 n 较大（如 $n>10$）的情形逐一检查变量取值几乎是不可能的，因此常设计一些方法，只检查变量取值的组合的一部分，就能求到问题的最优解。这样的方法称为隐枚举法 (implicit enumeration)，分支定界法也是一种隐枚举法。当然，对有些问题隐枚举法并不适用，所以有时穷举法还是必要的。

例 应用隐枚举法求解 0–1 型整数规划：

$$\max z=3x_1-2x_2+5x_3 \tag{4-173}$$

$$\text{s. t.}\begin{cases}x_1+2x_2-x_3\leqslant 2\\ x_1+4x_2+x_3\leqslant 4\\ x_1+x_2\leqslant 3\\ 4x_2+x_3\leqslant 6\\ x_1,x_2,x_3=0\text{ 或}1\end{cases} \tag{4-174}$$

求解思路及改进措施：

（1）先试探性求一个可行解，易看出 $\left(x_1,x_2,x_3\right)=(1,0,0)$ 满足约束条件，故

为一个可行解，且相应的目标函数值为 $z=3$。

（2）因为是求极大值问题，故求最优解时，凡是目标值 $z<3$ 的解不必检验是否满足约束条件即可删除，因它肯定不是最优解，于是应增加一个约束条件（目标值下界）$3x_1-2x_2+5x_3\geqslant 3$，称该条件为过滤条件。从而原问题等价于

$$\max z=3x_1-2x_2+5x_3 \tag{4-175}$$

$$\text{s. t.}\begin{cases}3x_1-2x_2+5x_3\geqslant 3,\text{(a)}\\x_1+2x_2-x_3\leqslant 2,\text{(b)}\\x_1+4x_2+x_3\leqslant 4,\text{(c)}\\x_1+x_2\leqslant 3,\text{(d)}\\4x_2+x_3\leqslant 6,\text{(e)}\\x_1,x_2,x_3=0\text{ 或}1\end{cases} \tag{4-176}$$

若用全部枚举法，3 个变量共有 8 种可能的组合，我们将这 8 种组合依次检验它是否满足条件（a）~（e）。对某个组合，若它不满足（a），即不满足过滤条件，则（b）~（e）可行性条件不必再检验；若它满足（a）~（e）且相应的目标值严格大于 3，则进行③。

（3）改进过滤条件。

（4）由于对每个组合首先计算目标值以验证过滤条件，故应优先计算目标值大的组合，这样可提前抬高过滤门槛，以减少计算量。

2. 分派问题的匈牙利法

把 m 项工作分派给 n 个人去做，既发挥各人特长又使效率最高。这是一类特殊的 0–1 规划问题。经典算法是利用由匈牙利数学家科宁发明的匈牙利法，也叫画圈法。

（1）分派问题的类型

①平衡分派问题：人数 m 与工作任务数 n 相等，每人完成一项任务。

②不平衡的分派问题：当人数 m 大于工作数 n 时，加上 mn 项虚拟工作，例如

$$\begin{bmatrix}5&9&10&0&0\\11&6&3&0&0\\8&14&17&0&0\\6&4&5&0&0\\3&2&1&0&0\end{bmatrix}\rightarrow\begin{bmatrix}5&9&10&0&0\\11&6&3&0&0\\8&14&17&0&0\\6&4&5&0&0\\3&2&1&0&0\end{bmatrix} \tag{4-177}$$

当人数 m 小于工作数 n 时，加上 $n-m$ 个人，例如

$$\begin{bmatrix} 15 & 20 & 10 & 9 \\ 6 & 5 & 4 & 7 \\ 10 & 13 & 16 & 17 \end{bmatrix} \rightarrow \begin{bmatrix} 15 & 20 & 10 & 9 \\ 6 & 5 & 4 & 7 \\ 10 & 13 & 16 & 17 \\ 0 & 0 & 0 & 0 \end{bmatrix} \tag{4-178}$$

一个人可做几件事的分派问题，若某人可做几件事，则将该人化作相同的几个“人”来接受分派，且费用系数取值相同。例如，丙可以同时任职A和C工作，求最优分派方案。

$$\begin{matrix} 甲 \\ 乙 \\ 丙 \end{matrix} \begin{bmatrix} 15 & 20 & 10 & 9 \\ 6 & 5 & 4 & 7 \\ 10 & 13 & 16 & 17 \end{bmatrix} \rightarrow \begin{bmatrix} 15 & 20 & 10 & 9 \\ 6 & 5 & 4 & 7 \\ 10 & 13 & 16 & 17 \\ 10 & 13 & 16 & 17 \end{bmatrix} \tag{4-179}$$

（2）分派问题的求解步骤。

①变换分派问题的系数矩阵（c_{ij}）为（b_{ij}），使在（b_{ij}）的各行各列中都出现0元素，即从（c_{ij}）的每行元素都减去该行的最小元素，再从所得新系数矩阵的每列元素中减去该列的最小元素。

②进行试分派，以寻求最优解。

在（b_{ij}）中找尽可能多的独立0元素，若能找出 n 个独立0元素，就以这 n 个独立0元素对应解矩阵（x_{ij}）中的元素为1，其余为0，这就得到最优解。找独立0元素常用的步骤如下：

（a）从只有一个0元素的行开始，给该行中的0元素加圈，记作◎。然后划去◎所在列的其他0元素，记作∅，这表示该列所代表的任务已分派完，不必再考虑别人了，依次进行到最后一行。

（b）从只有一个0元素的列开始（画∅的不计在内），给该列中的0元素加圈，记作◎。然后划去◎所在行的0元素，记作0，表示此人已有任务，不再为其分派其他任务了，依次进行到最后一列。

（c）若仍有没有划圈的0元素，且同行（列）的0元素至少有两个，比较这行各0元素所在列中0元素的数目，选择0元素少的这个0元素加圈（表示选择性多的要“礼让”选择性少的）。然后划掉同行同列的其他0元素。可反复进行，直到所有0元素都已圈出和划掉为止。

（d）若◎元素的数目 m 等于矩阵的阶数 n（即 $m=n$），那么这分派问题的

最优解得到。若 $m<n$，则转入下一步。

③用最少的直线通过所有 0 元素。其方法如下：

（a）对没有◎的行打则有；

（b）对已打“√”的行中所有含 0 元素的列打“√”

（c）再对打有“√”的列中含◎元素的行打“√”；

（d）重复（a）、（b）直到得不出新的打“√”的行、列为止；

（e）对没有打“√”的行画横线，有打“√”的列画纵线，这就得到覆盖所有 0 元素的最少直线数 l。

注：l 应等于 m，若不相等，说明试分派过程有误，回到第②步，另行试分派；若 $l=m<n$，表示还不能确定最优分派方案，须再变换当前的系数矩阵，以找到 n 个独立的 0 元素，为此转第④步。

④变换矩阵（b_{ij}）以增加 0 元素，在没有被直线通过的所有元素中找出最小值，没有被直线通过的所有元素减去这个最小值，直线交点处的元素加上这个最小值。新系数矩阵的最优解和原问题仍相同。转回第②步。

例 假定某单位甲、乙、丙、丁四名员工，需要在一定的生产技术组织条件下，完成 A，B，C，D 四项任务，每个员工完成每项工作所需要耗费的工作时间见表 4–6。

表4–6　不同工人完成不同任务的工时耗费表

工人	任务				人员
	A	B	C	D	
甲	6	7	11	2	1
乙	4	5	9	8	1
丙	3	1	10	4	1
丁	5	9	8	2	1
任务	1	1	1	1	—

解 任务分配问题的数学模型。

设 x_{ij} 为第 i 个工人分配去做第 j 项任务；a_{ij} 为第 i 个工人为完成第 j 项任务时的工时消耗；$\left(a_{ij}\right)_{4\times4}$ 称为效率矩阵，

$$x_{ij}=\begin{cases}1, & \text{当第}i\text{个工人分配去做第}j\text{项任务,}\\ 0, & \text{当第}i\text{个工人分配去做第}j\text{项任务,}\end{cases}\quad i,j=1,2,3,4 \tag{4-180}$$

建立 0-1 型整数规划模型如下：

$$\min f(x)=\sum_{i=1}^{4}\sum_{j=1}^{4}a_{ij}x_{ij} \tag{4-181}$$

$$\text{s.t.}\begin{cases}\sum_{j=1}^{4}x_{ij}=1, & i=1,2,3,4\\ \sum_{i=1}^{4}x_{ij}=1, & j=1,2,3,4\\ x_{ij}=0,1\end{cases} \tag{4-182}$$

以下应用匈牙利方法求解该分派问题。

首先，变换系数矩阵，增加 0 元素：

$$\left(c_{ij}\right)=\begin{bmatrix}6&7&11&2\\4&5&9&8\\3&1&10&4\\5&9&8&2\end{bmatrix}-2\rightarrow\begin{bmatrix}4&5&9&0\\0&1&5&4\\2&0&9&3\\3&7&6&0\end{bmatrix}\rightarrow\begin{bmatrix}4&5&4&0\\0&1&0&4\\2&0&4&3\\3&7&1&0\end{bmatrix} \tag{4-183}$$

其次，试指派（找独立 0 元素）：

$$\begin{bmatrix}4&5&4&\circledcirc\\ \circledcirc&1&\varnothing&4\\2&\circledcirc&4&3\\3&7&1&\varnothing\end{bmatrix} \tag{4-184}$$

找到 3 个独立零元素，但 $m=3<n=4$。

再次，作最少的直线覆盖所有 0 元素：

$$\begin{bmatrix}4&5&4&\circledcirc\\ \circledcirc&1&\varnothing&4\\2&\circledcirc&4&3\\3&7&1&\varnothing\end{bmatrix}\begin{matrix}\surd\\ \\ \\ \surd\end{matrix} \tag{4-185}$$

$$\begin{matrix}\quad&\quad&\quad&\surd\end{matrix}$$

独立零元素的个数 m 等于最少直线数 l，即 $l=m=3<n=4$。

最后，没有被直线通过的元素中选择最小值为 1，变换系数矩阵，将没有被直线通过的所有元素减去这个最小值，直线交点处的元素加上这个最小值，得到新的矩阵，重复第二步进行试指派。

$$\begin{bmatrix} 3 & 4 & 3 & 0 \\ 0 & 1 & 0 & 5 \\ 2 & 0 & 4 & 4 \\ 2 & 6 & 0 & 0 \end{bmatrix} \xrightarrow{\text{试指派}} \begin{bmatrix} 3 & 4 & 3 & \circledcirc \\ \circledcirc & 1 & \varnothing & 5 \\ 2 & \circledcirc & 4 & 4 \\ 2 & 6 & \circledcirc & \varnothing \end{bmatrix} \tag{4-186}$$

得到 4 个独立零元素，所以最优解矩阵为

$$\begin{bmatrix} 0 & 0 & 0 & 1 \\ 1 & 0 & 0 & 0 \\ 0 & 1 & 0 & 0 \\ 0 & 0 & 1 & 0 \end{bmatrix} \tag{4-187}$$

即完成 4 个任务的总时间最少为 2+4+1+8=15。

由于存在以下两种情况，匈牙利法的计算过程不唯一，最终矩阵的形式也不唯一，但最终配置结果一定相同：

（1）约减时，可先进行行约减，再进行列约减；也可先进行列约减，再进行约减。

（2）“盖 0 线”的画法不唯一。

第五章　数据分析方法

第一节　方差分析

数据分析中所涉及的变量大致可以分为两大类：定量变量和定性变量。简单地说，定量变量就是它的取值可以量化，而定性变量的取值只能用语言或代号标明它的属性（如人的性别、患者病情的轻重、植物的品种等），有时，基于不同的数据分析目的，也可将定量变量转化为定性变量（如将职工的年收入划分为不同档次表示高收入、中等收入和低收入水平等）。当自变量均为定性变量时，称这种变量为因素。

方差分析是数理统计的基本方法之一，方差分析就是根据实验结果分析、推断各有关因素对试验结果的影响是否显著的方法。

为了方便，通常称试验结果为试验指标，试验中需要考察的可以控制的条件称为因素或因子，用 A，B，C 表示，因素在试验中所处的不同状态称为水平，因素 A 的 a 个不同水平用 $A_1,A_2,\cdots,A_a$ 表示。在一项试验中只有一个因素在改变称为单因素试验，处理单因素试验的统计推断方法叫单因素方差分析方法；处理多于一个因素的试验统计推断方法叫多因素方差分析方法。若在各水平下所做的试验次数都相同，则称为等重复试验，否则，称为不等重复试验。本节先简要介绍方差分析模型的建立方法，并以案例加以说明。

一、单因素方差分析模型

设所感兴趣的指标变量为 Y，影响 Y 的因素为 A，它有 a 个水平 $A_1,A_2,\cdots,A_a$。在适当的试验设计下，在 A 的各个水平上对 Y 的取值进行独立观测，设在水平 A_1 上对 Y 独立观测了 n_i 次，观测值为 y_{i1}，$y_{i2},\cdots,y_{in_i}$ 并假定其独立同分布于某个正态分布，这里 $i=1,2,\cdots,a$，即不同水平上的各组观测值被认为是来自不同正态总体的一个样本。除因素 A 可在其水平上变动外，尽可能控制试验的其他条件相同，即进一步可假定各总体具有相同的方差，因素 A 的各水平的影响只体现在各总体均值的差异上。根据以上假定 $i=1,2,\cdots,a,$ 有

$$y_{ij}\sim N\left(\mu_i,\sigma^2\right),j=1,2,\cdots,n_i \tag{5-1}$$

令 $\varepsilon_{ij}=y_{ij}-\mu_i,j=1,2,\cdots,n_i,i=1,2,\cdots,a$，称 ε_{ij} 为随机误差，则 $\varepsilon_{ij}\sim N\left(0,\sigma^2\right)$

且相互独立。这时单因素方差分析模型为

$$\begin{cases} y_{ij} = \mu_i + \varepsilon_{ij}, j = 1,2,\cdots,n_i, i = 1,2,\cdots,a \\ \varepsilon_{ij} \sim N\left(0,\sigma^2\right), \text{且诸}\varepsilon_{ij}\text{相互独立} \end{cases} \tag{5-2}$$

进一步令

$$n = \sum_{i=1}^{a} n_i, \mu = \frac{1}{n}\sum_{i=1}^{a} n_i\mu_i, \delta_i = \mu_i - \mu, i = 1,2,\cdots,a \tag{5-3}$$

通常称 μ 为总平均，δ_i 为水平 A_i 的效应，δ_i 反映了因素 A 的第 i 个水平 A_i 对 Y 的影响的大小，且满足 $\sum_{i=1}^{a} n_i\delta_i = 0$。这时，单因素方差分析模型可进一步改写为

$$\begin{cases} y_{ij} = \mu + \delta_i + \varepsilon_{ij}, j = 1,2,\cdots,n_i, i = 1,2,\cdots,a \\ \varepsilon_{ij} \sim N\left(0,\sigma^2\right), \text{且诸}\varepsilon_{ij}\text{相互独立} \\ \sum_{i=1}^{a} n_i\delta_i = 0 \end{cases} \tag{5-4}$$

二、两因素等重复试验下的方差分析

设影响因变量 Y 的因素有两个，分别记为 A 和 B，其中因素 A 有 a 个不同水平 $A_1, A_2, \cdots, A_a$，因素 B 有 b 个不同水平 $B_1, B_2, \cdots, B_b$，在因素 A 和 B 的各水平组合下均做 $c(c>1)$ 次试验，以 y_{ijk} 记在水平组合 (A_i, B_j) 下第 k 次试验的 Y 的观测值。

于是，对于任意水平组合 (A_i, B_j)，假设 $\left(y_{ij1}, y_{ij2}, \cdots, y_{ijc}\right)$ 为来自正态总体 $N\left(\mu_{ij}, \sigma^2\right)$ 的一个样本，即

$$y_{ijk} \sim N\left(\mu_{ij}, \sigma^2\right), k = 1,2,\cdots,c \tag{5-5}$$

且各样本之间相互独立，令 $\varepsilon_{ijk} = y_{ijk} - \mu_{ij}$，则两因素等重复试验下的方差分析模型可表示为

$$\begin{cases} y_{ijk} = \mu_{ij} + \varepsilon_{ijk}, j = 1,2,\cdots,b, i = 1,2,\cdots,a, k = 1,2,\cdots,c \\ \varepsilon_{ijk} \sim N\left(0,\sigma^2\right), \text{且诸}\varepsilon_{ijk}\text{相互独立} \end{cases} \tag{5-6}$$

为进行统计分析，我们需要对水平组合 (A_i，B_j) 上的样本均值 μ_{ij} 做进一步分解，为此引入如下记号：

$$\mu = \frac{1}{ab}\sum_{i=1}^{a}\sum_{j=1}^{b}\mu_{ij} \tag{5-7}$$

$$\mu_{i*} = \frac{1}{b}\sum_{j=1}^{b}\mu_{ij}, \alpha_i = \mu_{i\cdot} - \mu, i = 1,2,\cdots,a \tag{5-8}$$

$$\mu_{*j} = \frac{1}{a}\sum_{i=1}^{a}\mu_{ij}, \beta_j = \mu_{\cdot j} - \mu, j = 1,2,\cdots,b \tag{5-9}$$

$$\gamma_{ij} = \mu_{ij} - \mu_{i*} - \mu_{*}j + \mu, i = 1,2,\cdots,a; j = 1,2,\cdots,b \tag{5-10}$$

其中 μ 称为总平均，α_i 为因素 A 的水平 A_i 的效应，β_j 为因素 B 的水平 B_j 的效应。为分析 γ_{ij} 的意义，将其改为

$$\gamma_{ij} = \mu_{ij} - \mu - \left(\mu_i - \mu\right) - \left(\mu_j - \mu\right) = \left(\mu_{ij} - \mu\right) - \left(\alpha_i + \beta_j\right) \tag{5-11}$$

其中 $\mu_{ij} - \mu$ 反映了水平组合 $\left(A_i, B_j\right)$ 对 Y 的效应，在一般情况下，它并不等于水平 A_i 的效应 α_i 与水平 B_j 的效应 β_j 之和。我们将 $\left(A_i, B_j\right)$ 的效应 $\mu_{ij} - \mu$ 减去 A_i 的效应 α_i 与 B_j 的效应 β_j 所得到的差 γ_{ij} 称为 A_i 与 B_j 的交互效应，将全体 γ_{ij} 称为 A 与 B 交互效应。在前述记号下，μ_{ij} 可分解为

$$\mu_{ij} = \mu + \alpha_i + \beta_j + \gamma_{ij}, i = 1,2,\cdots,a, j = 1,2,\cdots,b \tag{5-12}$$

并且易证

$$\sum_{i=1}^{a}\alpha_i = 0, \sum_{j=1}^{b}\beta_j = 0, \sum_{i=1}^{u}\gamma_{ij} = \sum_{j=1}^{b}\gamma_{ij} = 0 \tag{5-13}$$

因此两因素等重复试验下的方差分析模型也可以等价地写为如下形式：

$$\begin{cases} y_{ijk} = \mu + \alpha_i + \beta_j + \gamma_{ij} + \varepsilon_{ijk} \\ i = 1,2,\cdots,a; j = 1,2,\cdots,b; k = 1,2,\cdots,c \\ \varepsilon_{ijk} \sim N\left(0, \sigma^2\right) \text{且诸} \varepsilon_{ijk} \text{相互独立} \\ \sum_{i=1}^{a}\alpha_i = 0, \sum_{j=1}^{b}\beta_j = 0, \sum_{i=1}^{a}\gamma_{ij} = 0, \sum_{j=1}^{b}\gamma_{ij} = 0 \end{cases} \tag{5-14}$$

第二节　主成分分析

主成分分析又称主分量分析，由皮尔孙于1901年首先引入，后来由霍特林于1933年进行了发展。主成分分析是一种通过降维技术把多个变量化为少数几个主成分（综合变量）的多元统计方法。这些主成分能够反映原始变量的大部分信息，通常表示为原始变量的线性组合，为使得这些主成分所包含的信息互不重叠，要求各主成分之间互不相关。主成分分析在很多领域有着广泛的应用，一般来说，当研究的问题涉及很多变量，并且变量间相关性明显，即包含的信息有所重叠时，可以考虑用主成分分析的方法，这样更容易抓住事物的主要矛盾，使得问题得到简化。

一、主成分分析的几何意义

假设从二元总体 $x=(x_1,x_2)'$ 中抽取容量为 n 的样本，绘出样本观测值的散点图，如图5-1所示。从图5-1可以看出，散点大致分布在一个椭圆内，x_1 与 x_2 呈现出明显的线性相关性。这 n 个样品在 x_1 轴方向和 x_2 方向具有相似的离散度，离散度可以用 x_1 和 x_2 的方差来描述，方差的大小反映了变量所包含信息量的大小，这里的 x_1 和 x_2 包含了近似相等的信息量，丢掉其中的任意一个变量，都会损失比较多的信息。将图5-1中坐标轴按逆时针旋转一个角度 θ，使得 x_1 轴旋转到椭圆的长轴方向 y_1，x_2 轴旋转到椭圆的短轴方向 y_2，则有

$$\begin{cases} y_1 = x_1\cos\theta - x_2\sin\theta \\ y_2 = x_1\sin\theta + x_2\cos\theta \end{cases} \tag{5-15}$$

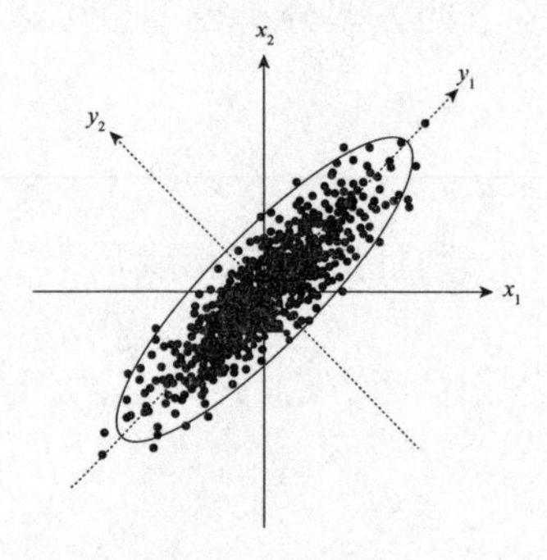

图5-1　主成分分析的几何意义示意图

此时可以看到，n 个点在新坐标系下的坐标 y_1 和 y_2 几乎不相关，并且 y_1 的方差要比 y_2 的方差大得多，也就是说，y_1 包含了原始数据中大部分的信息，此时丢掉变量 y_2，信息的损失是比较小的，称 y_1 为第一主成分，y_2 为第二主成分。

主成分分析的过程其实就是坐标系旋转的过程，新坐标系的各个坐标轴方向是原始数据变差最大的方向，各主成分表达式就是新旧坐标转换关系式。

二、总体的主成分

（一）从总体的协方差矩阵出发求解主成分

设 $x=\left(x_1,x_2,\cdots,x_p\right)'$ 为一个 p 维总体，假定 x 的期望和协方差矩阵均存在并已知，记 $E(x)=\mu,\operatorname{var}(x)=\Sigma$，考虑如下线性变换：

$$\begin{cases} y_1 = a_{11}x_1 + a_{12}x_2 + \cdots + a_{1p}x_p = a_1'x \\ y_2 = a_{21}x_1 + a_{22}x_2 + \cdots + a_{2p}x_p = a_2'x \\ \vdots \\ y_p = a_{p1}x_1 + a_{p2}x_2 + \cdots + a_{pp}x_p = a_p'x \end{cases} \tag{5-6}$$

式中：$a_1,a_2,\cdots,a_p$ 均为单位向量。

下面求 a_1 使得 y_1 的方差达到最大。

设 $\lambda_1 \geqslant \lambda_2 \geqslant \cdots \geqslant \lambda_p \geqslant 0$ 为 Σ 的 p 个特征值，$\boldsymbol{t}_1,\boldsymbol{t}_2,\cdots,\boldsymbol{t}_p$ 为相应的正交单位特征向量，即

$$\Sigma \boldsymbol{t}_i = \lambda_i \boldsymbol{t}_i,\quad \boldsymbol{t}'\boldsymbol{t}_i = 1,\quad \boldsymbol{t}_i'\boldsymbol{t}_j = 0,\quad i \neq j,\quad i,j = 1,2,\cdots p \tag{5-7}$$

由矩阵知识可知

$$\Sigma = \boldsymbol{T\Lambda T}' = \sum_{i=1}^{p} \lambda_i \boldsymbol{t}_i \boldsymbol{t}_i' \tag{5-8}$$

其中，$\boldsymbol{T}=\left(t_1,t_2,\cdots,t_p\right)$ 为正交矩阵，$\boldsymbol{\Lambda}$ 是对角线元素为 $\lambda_1,\lambda_2,\cdots,\lambda_p$ 的对角阵。

考虑 y_1 的方差

$$\operatorname{var}\left(y_1\right) = \operatorname{var}\left(a_1'x\right) = a_1' \operatorname{var}(x) a_1 = \sum_{i=1}^{p} \lambda_i a_1' t_i t_i' a_1 = \sum_{i=1}^{p} \lambda_i \left(a_1' t_i\right)^2$$

$$\leqslant \lambda_1 \sum_{i=1}^{p} \left(a_1' t_i\right)^2 = \lambda_1 a_1' \left(\sum_{i=1}^{p} t_i t_i'\right) a_1 = \lambda_1 a_1' T T' a_1 = \lambda_1 a_1' a_1 = \lambda_1 \tag{5-9}$$

由式（5-9）可知，当 $a_1 = t_1$ 时，$y_1 = t_1' x$ 的方差达到最大，最大值为 λ_1。称 $y_1 = t_1' x$ 为第一主成分。如果第一主成分从原始数据中提取的信息还不够多，还应考虑第二主成分。下面求 a_2，在 $\operatorname{cov}(y_1, y_2) = 0$ 条件下，使得 y_2 的方差达到最大。由

$$\operatorname{cov}(y_1, y_2) = \operatorname{cov}(t_1' x, a_2' x) = t_1' \Sigma a_2 = a_2' \Sigma t_1 = \lambda_1 a_2' t_1 = 0 \tag{5-10}$$

可得 $a_2' t_1 = 0$，于是

$$\operatorname{var}(y_2) = \operatorname{var}(a_2' x) = a_2' \operatorname{var}(x) a_2 = \sum_{i=1}^{p} \lambda_i a_2' t_i t_i' a_2 = \sum_{i=2}^{p} \lambda_i \left(a_2' t_i\right)^2$$

$$\leqslant \lambda_2 \sum_{i=2}^{p} \left(a_2' t_i\right)^2 = \lambda_2 a_2' \left(\sum_{i=1}^{p} t_i t_i'\right) a_2 = \lambda_2 a_2' \boldsymbol{T} \boldsymbol{T}' a_2 = \lambda_2 a_2' a_2 = \lambda_2 \tag{5-11}$$

由式（5-11）可知，当 $a_2 = t_2$ 时，$y_2 = t_2' x$ 的方差达到最大，最大值为 λ_2。称 $y_2 = t_2' x$ 为第二主成分。类似的，在约束 $\operatorname{cov}(y_k, y_j) = 0, k = 1, \cdots, j-1$ 下可得，当 $a_j = t_j$ 时，$y_j = t_j' x$ 的方差达到最大，最大值为 λ_j。称 $y_j = t_j' x, j = 1, 2, \cdots, p$ 为第 j 主成分。

根据以上推导可知，主成分 y_j 的表达式为

$$y_j = t_j' x = t_{1j} x_1 + t_{2j} x_2 + \cdots + t_{pj} x_p, \quad j = 1, 2 \cdots, p \tag{5-12}$$

称 t_{ij} 为第 j 个主成分 y_j 在第 i 个原始变量 x_i 上的载荷，它反映了 x_i 对 y_j 的重要程度。在实际问题中，通常根据载荷 t_{ij} 解释主成分的实际意义。

（二）主成分的贡献率

总方差中第 i 个主成分 y_i 的方差所占的比例 $\lambda_i / \sum_{j=1}^{p} \lambda_j, i = 1, 2, \cdots, p$ 称为主成分 y_i 的贡献率。主成分的贡献率反映了主成分综合原始变量信息的能力，也可理解为解释原始变量的能力。由贡献率定义可知，n 个主成分的贡献率依次递减，即综合原始变量信息的能力依次递减。第一个主成分的贡献率最大，即第一个主成分综合原始变量信息的能力最强。

前 $m(m\leqslant p)$ 个主成分的贡献率之和 $\sum_{i=1}^{m}\lambda_i/\sum_{j=1}^{p}\lambda_j$ 称为前 m 个主成分的累积贡献率，它反映了前 m 个主成分综合原始变量信息 (或解释原始变量) 的能力。由于主成分分析的主要目的是降维，所以需要在信息损失不太多的情况下，用少数几个主成分来代替原始变量 $x_1,x_2,\cdots,x_p$，以进行后续的分析。究竟用几个主成分来代替原始变量才合适呢？通常的做法是取较小的 m，使得前 m 个主成分的累积贡献率不低于某一水平 (如 85% 以上)，这样就达到了降维的目的。

（三）从总体相关系数矩阵出发求解主成分

当总体各变量取值的单位或数量级不同时，从总体协方差矩阵出发求解主成分就显得不合适了，此时应将每个变量标准化，记标准化变量为

$$x_i^*=\frac{x_i-E\left(x_i\right)}{\sqrt{\operatorname{var}\left(x_i\right)}},\quad i=1,2,\cdots,p \tag{5-13}$$

则可以从标准化总体 $x^*=\left(x_1^*,x_2^*,\cdots,x_p^*\right)'$ 的协方差矩阵出发求解主成分，即从总体 x 的相关系数矩阵出发求解主成分，因为总体 x^* 的协方差矩阵就是总体 x 的相关系数矩阵。

设总体 x 的相关系数矩阵为 $\boldsymbol{R}$，从 $\boldsymbol{R}$ 出发求解主成分的步骤与从 Σ 出发求解主成分的步骤一样，设 $\lambda_1^*\geqslant\lambda_2^*\geqslant\cdots\geqslant\lambda_p^*\geqslant0$ 为 $\boldsymbol{R}$ 的 p 个特征值，$t_1^*,t_2^*,\cdots,t_p^*$ 为相应的正交单位特征向量，则 p 个主成分为

$$y_i^*=t_i^{*\prime}x^*,\quad i=1,2,\cdots,p \tag{5-14}$$

此时前 m 个主成分的累积贡献率为 $\frac{1}{p}\sum_{i=1}^{m}\lambda\sum_i^*$。

三、样本的主成分

在实际问题中，总体 x 的协方差矩阵 Σ 或相关系数矩阵 $\boldsymbol{R}$ 往往是未知的，需要由样本进行估计。设 $x_1,x_2,\cdots,x_n$ 为取自总体 x 的样本，其中，$x_i=\left(x_{i1},x_{i2},\cdots,x_{ip}\right)',i=1,2,\cdots,n$。记样本观测值矩阵为

$$\boldsymbol{X}=\begin{pmatrix} x_{11} & x_{12} & \cdots & x_{1p} \\ x_{21} & x_{22} & \cdots & x_{2p} \\ \vdots & \vdots & & \vdots \\ x_{n1} & x_{n2} & \cdots & x_{np} \end{pmatrix} \tag{5-15}$$

$\boldsymbol{X}$的每一行对应一个样品，每一列对应一个变量。记样本协方差矩阵和样本相关系数矩阵分别为

$$\boldsymbol{S}=\frac{1}{n-1}\sum_{i=1}^{n}\left(x_i-\bar{x}\right)\left(x_i-\bar{x}\right)'=\left(s_{ij}\right) \tag{5-16}$$

$$\widehat{\boldsymbol{R}}=\left(r_{ij}\right),\quad r_{ij}=\frac{s_{ij}}{\sqrt{s_{ii}}\sqrt{s_{jj}}} \tag{5-17}$$

其中，$\bar{x}=\frac{1}{n}\sum_{i=1}^{n}x_i$为样本均值。将$\boldsymbol{S}$作为$\Sigma$的估计，$\widehat{\boldsymbol{R}}$作为$\boldsymbol{R}$的估计，从$\boldsymbol{S}$或$\boldsymbol{R}$出发可求得样本的主成分。

（一）从样本协方差矩阵 S 出发求解主成分

设$\hat{\lambda}_1 \geqslant \hat{\lambda}_2 \geqslant \cdots \geqslant \hat{\lambda}_p \geqslant 0$为$\boldsymbol{S}$的$p$个特征值，$\hat{t}_1,\hat{t}_2,\cdots,\hat{t}_p$为相应的正交单位特征向量，则样本的$p$个主成分为

$$\hat{y}_i=\hat{t}_i'x,\quad i=1,2,\cdots p \tag{5-18}$$

将样本x_i的观测值代入第j个主成分，称得到的值$\hat{y}_{ij}=i_j'x_i, i=1,2,\cdots,n,$ $j=1,2,\cdots p$为样品x_i的第j主成分得分。

（二）从样本相关系数矩阵$\widehat{R}$出发求解主成分

从样本相关系数矩阵$\widehat{\boldsymbol{R}}$出发的p个特征值，$\hat{t}_1^*,\hat{t}_2,\cdots,\hat{t}_p^*$为相应的正交单位特征向量，则样本的$p$个主成分为

$$\hat{y}_i^*=\hat{t}_i''x^*,\quad i=1,2,\cdots,n,\quad j=1,2,\cdots p \tag{5-19}$$

四、主成分分析的 MATLAB 函数

与主成分分析相关的 MATLAB 函数如表 5-1 所列。

表5-1　与主成分分析相关的MATLAB函数

函数名	说　明
pca	根据样本观测值矩阵进行主成分分析
pcacov	根据协方差矩阵或相关系数矩阵进行主成分分析

续　表

函数名	说　明
pcares	重建数据，求主成分分析的残差
ppca	概率主成分分析

第三节　判别分析

在生产、科研和日常生活中经常遇到需要根据事物的各种特性（测量指标）来判别其类别的问题。如对所采集的某植物的标本，根据对某花瓣、花萼等指标的测量判断它属于那个品种。一般地，若研究对象已给定用某种方式划分的若干类型（类别）的观测资料，希望构造一个或多个判别函数，能由此函数对新的未知其属性的总体的样品做出判断，从而确定该样品属于已知类型中的哪一类，这类问题属于判别分析。

下面仅就两个总体的距离判别方法进行介绍判别分析。

“距离”是多维数据分析中的一个重要概念，许多多维数据分析方法是建立在距离概念基础上的，对于 p 维空间中的两个点

$$\boldsymbol{x}=\left(x_1,x_2,\cdots,x_p\right)^{\mathrm{T}} \text{和} \boldsymbol{y}=\left(y_1,y_2,\cdots,y_p\right)^{\mathrm{T}} \tag{5-20}$$

最常见的距离是欧氏距离，即

$$d(x,y)=\sqrt{\sum_{i=1}^{p}\left(x_i-y_i\right)^2} \tag{5-21}$$

在判别分析中直接采用欧氏距离是不甚合适的，其原因是没有考虑总体分布的分散性信息。判别分析中通常采用 Mahalanobis 距离，简称马氏距离。首先给出马氏距离的定义。

设 x,y 是来自均值向量为 $\boldsymbol{\mu}$、协方差矩阵为 $\boldsymbol{\Sigma}$ 的总体 G 的两个样品。则 x，y 之间的马氏平方距离是

$$d^2(x,y)=(x-y)^{\mathrm{T}}\boldsymbol{\Sigma}^{-1}(x-y) \tag{5-22}$$

又定义 x 与总体 G 的马氏平方距离是

$$d^2(x,G)=(x-\boldsymbol{\mu})^{\mathrm{T}}\boldsymbol{\Sigma}^{-1}(x-\boldsymbol{\mu}) \tag{5-23}$$

设有两个总体 G_1 和 G_2，其均值向量分别是 $\boldsymbol{\mu}_1$ 和 $\boldsymbol{\mu}_2$，G_1 和 G_2 的协方差矩阵相等，皆为 $\boldsymbol{\Sigma}$，则总体 G_1 和 G_2 间的马氏平方距离是

$$d^2(G_1,G_2)=(\boldsymbol{\mu}_1-\boldsymbol{\mu}_2)^{\mathrm{T}}\boldsymbol{\Sigma}^{-1}(\boldsymbol{\mu}_1-\boldsymbol{\mu}_2) \tag{5-24}$$

这样，设 x 和 y 是来自均值向量为 $\boldsymbol{\mu}$、协方差矩阵为 $\boldsymbol{\Sigma}$ 的总体 G 的两个样品。则 x，y 之间的马氏距离是

$$d(x,y)=\sqrt{(x-y)^{\mathrm{T}}\boldsymbol{\Sigma}^{-1}(x-y)} \tag{5-25}$$

x 至总体 G 的马氏距离是

$$d(x,G)=\sqrt{(x-\boldsymbol{\mu})^{\mathrm{T}}\boldsymbol{\Sigma}^{-1}(x-\boldsymbol{\mu})} \tag{5-26}$$

马氏距离满足距离的三个基本性质：设 x，y，z 是来自总体 G 的三个样品，则

（1）$d(x,y)\geqslant 0$，当且仅当 $x=y$ 时，$d(x,y)=0$；

（2）$d(x,y)=d(y,x)$；

（3）$d(x,z)\leqslant d(x,y)+d(y,z)$。

下面介绍两个总体的距离判别准则

设 G_1，G_2 是两个不同的 p 维已知总体，G 的均值向量是 $\boldsymbol{\mu}_1$，协方差矩阵是 $\boldsymbol{\Sigma}_1$；G_2 的均值向量是 $\boldsymbol{\mu}_2$，协方差矩阵是 $\boldsymbol{\Sigma}_2$。设 $\boldsymbol{x}=(x_1,x_2,\cdots,x_p)^{\mathrm{T}}$ 是一个待判样品，距离判别准则为

$$\begin{cases} x\in G_1, \text{若} d(x,G_1)\leqslant d(x,G_2) \\ x\in G_2, \text{若 } d(x,G_1)>d(x,G_2) \end{cases} \tag{5-27}$$

即当 x 到 G_1 的马氏距离不超过到 G_2 的马氏距离时，判定 x 来自 G_1；反之，判定 x 来自 G_2。

我们在特殊情况下对马氏距离判别准则的合理性给出解释。

设 G_1 是正态总体 $N_p(\boldsymbol{\mu}_1,\boldsymbol{\Sigma})$，$G_2$ 是正态总体 $N_p(\boldsymbol{\mu}_2,\boldsymbol{\Sigma})$，$G_1$ 的概率密度

$$f_1(x)=\frac{1}{(2\pi)^{\frac{b}{2}}|\boldsymbol{\Sigma}|^{\frac{1}{2}}}\exp\left\{\frac{1}{2}(x-\boldsymbol{\mu}_1)^{\mathrm{T}}\boldsymbol{\Sigma}^{-1}(x-\boldsymbol{\mu}_1)\right\} \tag{5-28}$$

G_2 的概率密度

$$f_2(x)=\frac{1}{(2\pi)^{\frac{p}{2}}|\boldsymbol{\Sigma}|^{\frac{1}{2}}}\exp\left\{\frac{1}{2}(x-\boldsymbol{\mu}_2)^{\mathrm{T}}\boldsymbol{\Sigma}^{-1}(x-\boldsymbol{\mu}_2)\right\} \tag{5-29}$$

两个总体的协方差矩阵相等，皆为Σ，对于新样品 x，要判别 x 属于哪个总体。根据统计学似然比准则，很自然应将 x 判归在该样品观测值处于概率密度较大的那个总体，即有下列判别准则：

$$\begin{cases} x \in G_1, \text{若 } \dfrac{f_1(x)}{f_2(x)} \geqslant 1 \\ x \in G_2, \text{若 } \dfrac{f_1(x)}{f_2(x)} < 1 \end{cases} \tag{5-30}$$

而 "$\dfrac{f_1(x)}{f_2(x)} \geqslant 1$" 的充分必要条件是

$$(x-\boldsymbol{\mu}_1)^{\mathrm{T}} \boldsymbol{\Sigma}^{-1} (x-\boldsymbol{\mu}_1) \leqslant (x-\boldsymbol{\mu}_2)^{\mathrm{T}} \boldsymbol{\Sigma}^{-1} (x-\boldsymbol{\mu}_2) \tag{5-31}$$

即

$$d(x,G_1) \leqslant d(x,G_2) \tag{5-32}$$

因此，当两总体 G_1，G_2 为正态总体且其协方差矩阵相等时，采用马氏距离判别准则与似然比准则是一致的。

下面仅就两个总体协方差矩阵相等情况进一步讨论距离判别准则。

假设两个总体协方差矩阵相等，即 $\boldsymbol{\Sigma}_1 = \boldsymbol{\Sigma}_2 = \boldsymbol{\Sigma}$，考虑样品 x 到两总体的马氏平方距离的差

$$\begin{aligned} & d^2(x,G_2) - d^2(x,G_1) \\ & = (x-\boldsymbol{\mu}_2)^{\mathrm{T}} \boldsymbol{\Sigma}^{-1} (x-\boldsymbol{\mu}_2) - (x-\boldsymbol{\mu}_1)^{\mathrm{T}} \boldsymbol{\Sigma}^{-1} (x-\boldsymbol{\mu}_1) \\ & = -2\boldsymbol{\mu}_2^{\mathrm{T}} \boldsymbol{\Sigma}^{-1} x + \boldsymbol{\mu}_2^{\mathrm{T}} \boldsymbol{\Sigma}^{-1} \boldsymbol{\mu}_2 + 2\boldsymbol{\mu}_1^{\mathrm{T}} \boldsymbol{\Sigma}^{-1} x - \boldsymbol{\mu}_1^{\mathrm{T}} \boldsymbol{\Sigma}^{-1} \boldsymbol{\mu}_1 \end{aligned} \tag{5-33}$$

记

$$W_1(x) = \boldsymbol{a}_1^{\mathrm{T}} x + \boldsymbol{b}_1, \text{其中 } \boldsymbol{a}_1 = \boldsymbol{\Sigma}^{-1} \boldsymbol{\mu}_1, \boldsymbol{b}_1 = -\frac{1}{2} \boldsymbol{\mu}_1^{\mathrm{T}} \boldsymbol{\Sigma}^{-1} \boldsymbol{\mu}_1 \tag{5-34}$$

$$W_2(x) = \boldsymbol{a}_2^{\mathrm{T}} x + \boldsymbol{b}_2 \text{，其中 } \boldsymbol{a}_2 = \boldsymbol{\Sigma}^{-1} \boldsymbol{\mu}_2, \boldsymbol{b}_2 = -\frac{1}{2} \boldsymbol{\mu}_2^{\mathrm{T}} \boldsymbol{\Sigma}^{-1} \boldsymbol{\mu}_2 \tag{5-35}$$

则

$$d^2(x,G_2) - d^2(x,G_1) = -2[W_2(x) - W_1(x)] \tag{5-36}$$

或者从另一角度看，有

$$d^2(x,G_2) - d^2(x,G_1)$$

$$
\begin{aligned}
&= 2\boldsymbol{x}^{\mathrm{T}}\boldsymbol{\Sigma}^{-1}\left(\boldsymbol{\mu}_1-\boldsymbol{\mu}_2\right)+\boldsymbol{\mu}_2^{\mathrm{T}}\boldsymbol{\Sigma}^{-1}\boldsymbol{\mu}_2-\boldsymbol{\mu}_1^{\mathrm{T}}\boldsymbol{\Sigma}^{-1}\boldsymbol{\mu}_1+\boldsymbol{\mu}_1^{\mathrm{T}}\boldsymbol{\Sigma}^{-1}\boldsymbol{\mu}_2-\boldsymbol{\mu}_2^{T}\boldsymbol{\Sigma}^{-1}\boldsymbol{\mu}_1 \\
&= 2\boldsymbol{x}^{\mathrm{T}}\boldsymbol{\Sigma}^{-1}\left(\boldsymbol{\mu}_1-\boldsymbol{\mu}_2\right)-\left(\boldsymbol{\mu}_1+\boldsymbol{\mu}_2\right)^{\mathrm{T}}\boldsymbol{\Sigma}^{-1}\left(\boldsymbol{\mu}_1-\boldsymbol{\mu}_2\right) \qquad (5\text{-}37) \\
&= 2(\boldsymbol{x}-\overline{\boldsymbol{\mu}})^{\mathrm{T}}\boldsymbol{\Sigma}^{-1}\left(\boldsymbol{\mu}_1-\boldsymbol{\mu}_2\right)
\end{aligned}
$$

其中 $\overline{\boldsymbol{\mu}}=\frac{1}{2}\left(\boldsymbol{\mu}_1+\boldsymbol{\mu}_2\right)$，即 $\overline{\boldsymbol{\mu}}$ 是两总体均值向量的平均。记

$$W(x)=\boldsymbol{a}^{\mathrm{T}}(\boldsymbol{x}-\overline{\boldsymbol{\mu}}) \qquad (5\text{-}38)$$

其中 $\boldsymbol{a}=\boldsymbol{\Sigma}^{-1}\left(\boldsymbol{\mu}_1-\boldsymbol{\mu}_2\right)$，则

$$d^2\left(x,G_2\right)-d^2\left(x,G_1\right)=2W(x) \qquad (5\text{-}39)$$

这样，距离判别准则化为

$$\begin{cases} x\in G_1,\text{若}W_1(x)\geqslant W_2(x) \\ x\in G_2,\text{若 }W_1(x)<W_2(x) \end{cases} \qquad (5\text{-}40)$$

或者

$$\begin{cases} x\in G_1,\text{若}W(x)\geqslant 0 \\ x\in G_2,\text{若 }W(x)<0 \end{cases} \qquad (5\text{-}41)$$

上述 $W_1(x),W_2(x)$ 或 $W(x)$ 及 $W(x)$ 皆是线性判别函数。

第四节　聚类分析

聚类是将物理或抽象对象的集合划分成由类似的对象组成的多个属类的过程。聚类分析按照一定的算法规则，将判定为较为相近和相似的对象，或具有相互依赖和关联关系的数据聚集为自相似的组群，构成不同的簇。由聚类所生成的簇是一组数据对象的集合，这些对象与同一个簇中的对象彼此相似，与其他簇中的对象相异。在各种应用中，一个簇中的数据对象可以被当作一个整体来对待。

聚类在社会各个方面都有着广泛的应用。例如，在商务上，聚类能帮助市场分析人员从客户信息库中发现不同的客户群，并以购买模式来刻画不同客户群的特征，从而进行有针对性的精准营销；在生物学上，聚类能用于推导动植物的分类，通过对基因进行类别划分，获得对种群中固有结构的认识。另

外，聚类还可以用于根据地球观测数据库中的数据确定地理上相似的地区，对汽车保险投保人进行分组，根据房屋的类型、价值和地理位置对城市中的商品房进行分组等处理。聚类也能用于对 Web 上的文档进行分类，以便于进行分类检索和发现信息。

在用聚类分析解决实际问题时，我们总把每个分类对象称为样品，并根据对象的性质和分类的目的选定若干指标（变量），对每一个样本测出所有的指标量，将得到的结果列成一个数据矩阵，这个样本资料矩阵就是聚类分析的出发点。从形式上看，这与相关分析、判别分析的出发点是一样的，这一点体现了多元统计方法的共性，但和多元分析的其他方法相比，聚类分析的方法是很粗糙的，且没有形成合适的模型，不论是聚类统计量还是聚类方法都没定型，理论也不完善。不过由于聚类分析方法能广泛应用于实际问题，在许多领域内不乏成功的范例，因此它和相关分析、判别分析一起被称为多元分析的三大分析。

需要指出的是，聚类分析和上面讨论的判别分析同是研究分类问题，但聚类分析一般是在不知类型的个数或对各种类型的结构未作任何假设情况下寻找处理客观分类的方法，而判别分析是在分类已知条件下寻找客观分类的依据，以此对新的不知所属的对象进行判别。

设所考察的对象有 p 项指标，今有 n 个样本，测得样本资料阵为

$$\begin{pmatrix} x_{11} & x_{12} & \cdots & x_{1p} \\ x_{21} & x_{21} & \cdots & x_{2p} \\ \vdots & \vdots & \ddots & \vdots \\ x_{n1} & x_{n2} & \cdots & x_{np} \end{pmatrix} \tag{5-42}$$

其中 x_{ik} 表示第 i 个样品的第 k 个指标值。$\boldsymbol{x}_{(i)}=\left(x_{i1},x_{i2},\cdots,x_{ik}\right)^{\mathrm{T}}$ 表示第 i 个样品观测值，$\boldsymbol{x}_{k}=\left(x_{1k},x_{2k},\cdots,x_{nk}\right)^{\mathrm{T}}$ 则表示第 k 个指标的 n 次观测值。

一般的指标可分为如下三类：

（1）间隔尺度。如人的身高、体重，零件的长度、直径，元件的电阻等，即指标可以用连续的数值表示。

（2）有序尺度。如酒可分为好、中、差三等，考核等级可分为优、良、及格、不及格四级，即指标只可以用有序的等级号来描述，而没有明确数量表示。

（3）名义尺度。如业余爱好有体育、音乐、诗画等，人的职业有工人、农民、教师等，即指标既不能用数量表示，也没有次序关系。

对于不同类型的指标，应该用不同的处理方法来进行分类。下面介绍的聚类统计量、聚类方法都是针对间隔的尺度指标的。

一、样品间的距离

距离是一种聚类统计量，距离近的样品归为一类，而距离远的样品则应属于不同的类。

样品间最常用的距离有以下四种。

（一）绝对值距离

$$d_{ij}(1)=\sum_{k=1}^{p}\left|x_{ik}-x_{jk}\right| \tag{5-43}$$

（二）欧氏距离

$$d_{ij}(2)=\sqrt{\sum_{k=1}^{p}\left(x_{ik}-x_{jk}\right)^{2}}=\sqrt{\left(x_{(i)}-x_{(j)}\right)\left(x_{(i)}-x_{(j)}\right)^{\mathrm{T}}} \tag{5-44}$$

（三）闵可夫基斯距离

$$d_{ij}(q)=\left[\sum_{k=1}^{p}\left|x_{ik}-x_{jk}\right|^{q}\right]^{\frac{1}{q}} \tag{5-45}$$

（四）马氏距离

$$d_{ij}(M)=\left(x_{(i)}-x_{(j)}\right)^{\mathrm{T}}\hat{V}^{-1}\left(x_{(i)}-x_{(j)}\right) \tag{5-46}$$

其中 $\hat{V}^{-1}=\frac{1}{n-1}\boldsymbol{S}$，而 $\boldsymbol{S}$ 为样本离差阵，即 $\boldsymbol{S}=\sum_{i=1}^{n}\left(x_{(i)}-x_{(j)}\right)\left(x_{(i)}-x_{(j)}\right)^{T}$，$\bar{x}=\frac{1}{n}\sum_{i=1}^{n}x_{(i)}$。注意，当 p 个指标之间数值差异太大时，直接使用以上各式计算距离常使数值较小的指标失去作用，这显然是很不合适的，为此需作标准化处理，即令

$$x_{ik}^{*}=\frac{x_{ik}-\bar{x}_{k}}{\boldsymbol{S}_{k}} \tag{5-47}$$

其中 $\bar{x}_{k}=\frac{1}{n}\sum_{i=1}^{n}x_{ij}$，即 n 个样品的第 k 个指标的平均值，$\boldsymbol{S}_{k}^{2}=\frac{1}{n}\sum_{i=1}^{n}\left(x_{ik}-\bar{x}_{k}\right)^{2}$。

二、样品的相似系数

相似系数也是一种聚类统计量，它表示两样品之间的相似程度。因此，相似系数绝对值大的样品应归于一类，相似系数绝对值小的样品应属于不同的类。

常用的相似系数有以下三种。

（一）夹角余弦

$$R_{ij}(1)=\frac{\sum_{k=1}^{p}x_{ik}^{*}x_{jk}^{*}}{\sqrt{\sum_{k=1}^{p}\left(x_{ik}^{*}\right)^{2}\cdot\left(x_{jk}^{*}\right)^{2}}} \tag{5-48}$$

（二）相关系数

$$R_{ij}(2)=\frac{\sum_{k-1}^{p}\left(x_{ik}^{*}-\bar{X}_{(i)}\right)\left(x_{jk}^{*}-\bar{X}_{(j)}\right)}{\sqrt{\sum_{k-1}^{p}\left(x_{ik}^{*}-\bar{X}_{(i)}\right)^{2}\left(x_{jk}-\bar{X}_{(j)}\right)^{2}}} \tag{5-49}$$

其中 $\bar{X}_{(i)}=\frac{1}{p}\sum_{k=1}^{p}x_{ik}^{*}$，即第 i 个样品的各标准化指标值的平均值。

（三）指数相似系数

$$R_{ij}(3)=\frac{1}{p}\sum_{k=1}^{p}\exp\left\{-\frac{3}{4}\left(x_{ik}^{*}-x_{jk}^{*}\right)^{2}\right\} \tag{5-50}$$

容易看出，$\left|R_{ij}(1)\right|\leqslant 1,\left|R_{ij}(2)\right|\leqslant 1,\left|R_{ij}(3)\right|\leqslant 1$。

三、类与类之间的距离

设 $X=\left\{x_{(1)},x_{(2)},\cdots,x_{(n)}\right\}$ 是样品集，$G_1,G_2,\cdots,G_m$ 是 X 的非空子集，且满足条件

$$\bigcup_{i=1}^{m}G_i=X,G_i\cap G_j=\varnothing,(i\neq j) \tag{5-51}$$

则称 $G_1,G_2,\cdots,G_m$ 是 X 的一个分类。

以下用 $D(r,s)$ 表示类 G_r 和 G_s 之间的距离。又设 G_r、G_s 中样品个数分别记为 n_r、n_s，以 d_{ij} 表示类 G_j 中第 i 个样品与类 G_s 中第 j 个样品之间的距离，以 $i \in G_r$ 表示样品 $x_{(i)}$ 是 G_r 中的一员。

类与类之间的距离有多种定义法，常用的有以下四种：

（1）$D_1(r,s) = \min\left\{d_{ij} \quad i \in G_r, j \in G_s\right\}$ 称为类 G_r 与 G_s 之间的最短距离。

（2）$D_2(r,s) = \max\left\{d_{ij} \quad i \in G_r, j \in G_s\right\}$ 称为类 G_r 与 G_s 之间的最长距离。

（3）$D_3^2(r,s) = \dfrac{1}{n_r \cdot n_s} \sum_{i \in G_r} \sum_{j \in G_s} d_{ij}^2$ 称为类 G_r 与 G_s 之间的类平均距离。

（4）$D_4(r,s) = d\left(G_r, G_s\right)$ 称为类 G_r 与 G_s 之间的类重心距离，其中 $d\left(G_r, G_s\right)$ 表示类 G_r 与 G_s 的重心之间的距离。

第六章　回归分析方法

第一节　线性回归分析方法

线性回归模型在统计分析方法里的地位非常重要，为了便于理解回归分析，本部分只介绍简单线性回归分析。

例　为研究大气污染物一氧化氮（NO）的浓度是否受到汽车流量、气候状况等因素的影响，选择24个工业水平相近的城市的一个交通点，统计单位时间过往的汽车数（千辆），同时在低空相同高度测定了该时间段平均气温（℃）、风速（m/s）以及空气中一氧化氮（NO）的浓度（$\times 10^{-6}$），数据如表6-1所示。

表6-1　24个城市交通点空气中NO浓度监测数据

交通点序号	车流 X_1 /pcu·d^{-1}	气温 X_2 /(℃)	气湿 X_3 /RH	风速 X_4 /m·s^{-1}	一氧化氮 Y /$\times 10^{-6}$	车流 X_1 /pcu·d^{-1}	气温 X_2 /℃	气湿 X_3 /RH	风速 X_4 /m·s^{-1}	一氧化氮 Y /$\times 10^{-6}$
1	1.3	20	80	0.45	0.066	0.948	22.5	69	2	0.005
2	1.444	23	57	0.5	0.076	1.44	21.5	79	2.4	0.011
3	0.786	26.5	64	1.5	0.001	1.084	28.5	59	3	0.003
4	1. 652	23.0	84	0.40	0.170	1. 844	26.0	73	1.00	0.140
5	1.756	29.5	72	0.90	0.156	1. 116	35.0	92	2.80	0.039
6	1. 754	30.0	76	0.80	0.120	1.656	20.0	83	1.45	0.059
7	1.200	22.5	69	1.80	0.040	1.536	23.0	57	1.50	0.087
8	1.500	21.8	77	0.60	0.120	0.960	24.8	67	1.50	0.039
9	1.200	27.0	58	1.70	0.100	1.784	23.3	83	0.90	0.222
10	1.476	27.0	65	0.65	0.129	1.496	27.0	65	0.65	0.145
11	1.820	22.0	83	0.40	0.135	1.060	26.0	58	1.83	0.029
12	1.436	28.0	68	2.00	0.099	1. 436	28.0	68	2.00	0.099

本研究的目的在于通过探讨与一氧化氮（NO）浓度相关的影响因素，为控制空气污染提供依据。

一、基本概念

（一）回归分析与简单线性回归

线性回归分析是研究一个变量和另外一些变量间线性关系的统计分析方法。如身高随着年龄增长而增长，在同一年龄段，不同个体的身高或高或低，总是在某一平均水平上波动，但总趋势是向该平均身高“回归”，一般不会偏离太远。如果我们将各年龄段的平均身高连成一条线，即成为一条“回归线”在回归分析中，最简单的情形是模型中只包含两个有“依存关系”的变量，一个变量(反应变量)随另一个变量(解释变量)的变化而变化，且呈直线变化趋势，称为简单线性回归。当涉及多个自变量时称为多重线性回归。

（二）解释变量与反应变量

回归分析中，若 Y 随 $X_1,X_2,\cdots,X_m$ 的改变而改变，则称 Y 为反应变量，又称为因变量；$X_1,X_2,\cdots,X_m$ 为解释变量，又称为自变量。通常我们把自变量看作影响因素。Y 是按某种规律变化的随机变量；X 可以是随机变量，也可以是人为控制或选择的变量。如年龄与身高的关系，年龄即为自变量，身高为因变量。例题中，NO 浓度为因变量，车流量、气温、气湿、风速等为可能影响 NO 浓度的自变量。

二、线性回归分析的前提条件

线性回归分析要求数据满足线性、独立性、正态性、等方差性的前提假设。

线性指反应变量 Y 与自变量 X 呈线性变化趋势。当呈线性趋势时，X 依次增加或减少一个单位，Y 的平均改变量保持不变；反之，随着 X 的增加或减少，Y 的平均改变量加大或减小，这里则须拟合曲线方程。一般可通过散点图来考察两变量是否呈线性趋势。

独立性指任意两个观察值相互独立，一个个体的取值不受其他个体的影响。

正态性指在给定 X 值时，Y 的取值服从正态分布，与此正态性要求等价的是计算回归方程中的残差，可以通过残差图或正态概率图来考察残差是否服从正态分布。

等方差性是指对应于不同的 X 值，Y 值的总体变异相同。判断数据是否满足等方差性也可以通过残差图实现。

为了便于叙述，简单线性回归模型的线性、独立性、正态性与等方差性假设可用它们的英文缩写简记为 LINE，如图 6–1 所示。

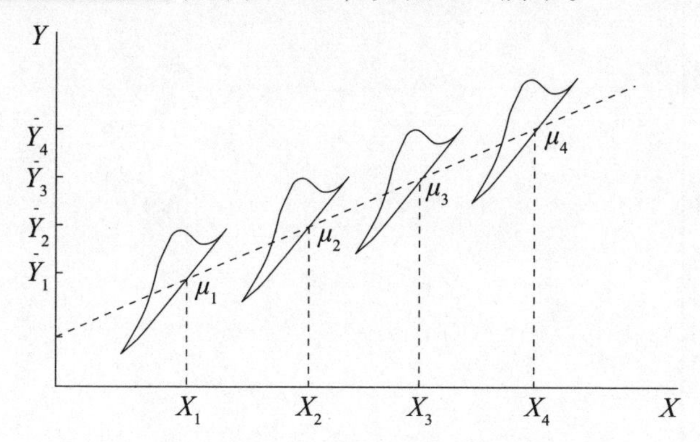

图 6–1　回归模型前提假设立体示意图

三、建立简单线性回归模型

例题中，假如只考虑 NO 浓度与车流量的关系，以 NO 浓度为因变量，车流量为自变量，采用回归分析通常要达到以下三个目的：第一个目的是统计描述，即应用回归方程定量描述两个变量间的关系。需要考虑 NO 浓度随车流量的增加而增加吗；平均而言，是直线趋势还是曲线趋势；如何采用回归方程定量地描述车流量等因素对大气中 NO 浓度的影响；车流量每增加 100 辆，NO 浓度平均会增加多少。第二个目的是统计推断，即通过假设检验推断 NO 平均浓度是否随车流量变化而变化。需要考虑车流量等因素的影响是否有统计学意义，以及车流量对 NO 浓度的影响（贡献）有多大。第三个目的是统计应用，即利用模型进行统计预测或控制。需要考虑如何由车流量预测大气中 NO 平均浓度，如何通过控制车流量达到控制空气中 NO 浓度的目的。

（一）绘制散点图

绘制散点图是进行回归分析的第一步，可以直观地考察两个变量间的关系，其目的在于考察两变量间是否有某种趋势，是直线还是曲线趋势，是否存在偏离直线趋势的异常点。

以例题中车流量（X）为横轴、空气中NO浓度（Y）为纵轴绘制的散点图，如图 6-2 所示。

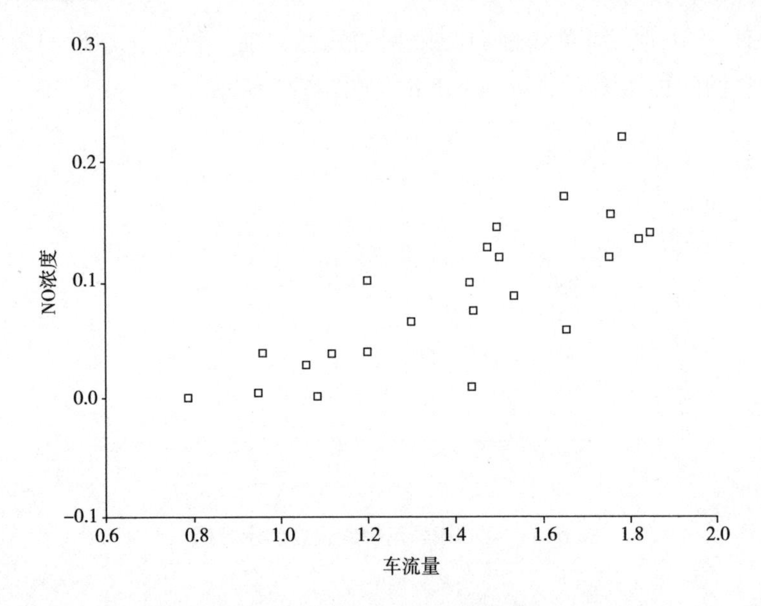

图 6-2　NO 浓度与车流量的散点图

由图 6-2 可知，NO 浓度随车流量的增加呈直线增长趋势，但在车流量相近时，NO 浓度有时相差很大。说明 NO 浓度除了受汽车流量的影响之外，可能还受到其他一些已知或未知因素（如风速、气温等）的影响。因此，回归分析所描述的两个变量间的关系，不是我们所熟悉的那种一一对应的函数关系，而是一种不完全确定关系。

（二）简单线性回归方程

实际应用中采用简单线性回归模型来定量描述因变量与自变量之间的数量关系，总体线性回归方程的一般表达式为

$$\mu_{Y\ X}=\alpha+\beta X \tag{6-1}$$

其中 α 为回归直线在 Y 轴上的截距，其统计学意义为 X 取值为 0 时根据方程所估计出的 Y 的平均水平。截距的解释一定要符合实际，比如有人作了婴幼儿年龄与身高的回归方程，那么截距即表示出生婴儿 (年龄为 0) 的平均身高；但假如有体重对身高的回归，我们不能把截距解释为身高为 0 时的平均体重。

β 为总体回归系数，即直线的斜率。β 的统计学意义是 X 每增加 (或减少) 一个单位，Y 平均改变 β 个单位 (即 Y 的均数 $\mu_{Y\ X}$ 改变 β 个单位)。β 越大表示 Y 随 X 增减变化的趋势越显明。

$\beta>0$，表明 Y 与 X 呈同向线性变化趋势；

$\beta<0$，表明 Y 与 X 呈反向线性变化趋势；

$\beta=0$，表明 Y 与 X 无线性回归关系，但并不表明没有其他关系。

由于在线性回归模型中 α 和 β 均未知，需要根据样本数据对它们进行估计。设 α 和 β 的估计值为 a 和 b，则可得到样本的线性回归方程

$$\hat{Y}=a+bX \tag{6-2}$$

式中：$\hat{Y}$ 为 X 取某一定数值时相应 Y 总体均数 $\mu_{Y\ X}$ 的点估计值；b 为样本回归系数。

（三）最小二乘估计

当两变量间有线性趋势时，虽然可用目测法穿过这些散点绘得一条直线，但主观性大，习惯上，人们通过最小二乘估计求得一条“最优”的直线。其想法是找一条直线，使得实测点至该直线的纵向距离 (即残差 Y–Y) 的平方和最小，此平方和称为残差平方和，记为 $SS_{残差}$。残差平方和越小，该直线对散点趋势的代表性越好。该方法以最小二乘估计为理论依据，故又称普通最小二乘回归。用微积分中求极值的办法可以得到 α 和 β 的估计值为

$$b=\frac{\sum(X-\bar{X})(Y-\bar{Y})}{\sum(X-\bar{X})^2},\quad a=\bar{Y}-b\bar{X} \tag{6-3}$$

式中：分母为 X 的离均差平方和；分子为 X 与 Y 的离均差乘积和。

经计算，例题的 α 和 β 最小二乘估计结果为

$$b=0.1584,\quad a=-0.1353 \tag{6-4}$$

于是，简单线性回归方程的估计为

$$\hat{Y}=-0.1353+0.1584X \tag{6-5}$$

依据简单线性回归方程可进一步在散点图上绘制出回归直线。由拟合结果可见，b=0.1584，说明空气中 NO 浓度随汽车流量的增加而增加，车流量每增加 100 辆（0.1 千辆），空气中 NO 浓度平均可能增加 0.01584×10^{-6}。

四、回归系数的假设检验

上述回归方程以及所绘回归直线只是对样本中两个变量间关系的统计描述，这种关系是否有统计学意义，还需要进一步进行假设检验。假设检验包括两个方面，即检验回归模型是否成立和检验总体回归系数 β 是否为 0，前者采用方差分析，后者借助 t 分布进行检验。

（一）总变异的分解

Y 的离均差反映了个体变异的大小，任意一点 Y 的离均差 $(Y-\bar{Y})$ 被回归直线 $(\hat{Y})$ 分解成两个部分，即 $Y-\bar{Y}=(\hat{Y}-\bar{Y})+(Y-\hat{Y})$。

将全部数据点的离均差分解后，等式两端平方后求和，可以证明

$$\sum(Y-\bar{Y})^2=\sum(\hat{Y}-\bar{Y})^2+\sum(Y-\hat{Y})^2 \tag{6-6}$$

上式以符号表示如下：

$$\mathrm{SS}_{总}=\mathrm{SS}_{回归}+\mathrm{SS}_{残差} \tag{6-7}$$

相应的自由度及彼此间的关系为

$$v_{总}=n-1,\quad v_{回归}=1,\quad v_{残差}=n-2,\quad v_{总}=v_{回归}+v_{残差} \tag{6-8}$$

式（6-5）中的三个平方和可作为变异指标，分别代表不同含义：

$\mathrm{SS}_{总}:\sum(Y-\bar{Y})^2$，为 Y 的离均差平方和，表示因变量 Y 的总变异。

$\mathrm{SS}_{残差}:\sum(Y-\hat{Y})^2$，为残差平方和，反映自变量 X 以外因素对 Y 的变异的影响，也就是在总变异中无法用 X 与 Y 的回归关系所解释的部分，表示考虑回归之后 Y 的随机误差。如在最小二乘法中所述，散点图中各实测点离回归直线（纵向距离）普遍越近，残差普遍越小，$SS_{残差}$ 也就越小，回归的效果就越好。

$\mathrm{SS}_{回归}:\sum(\hat{Y}-\bar{Y})^2$，为回归平方和，表示当自变量 X 引入模型后所引起的变化，反映了在 Y 的总变异中可以用 Y 与 X 的线性关系解释的那部分变异。回归平方和越大，说明回归效果越好。

（二）回归模型的假设检验

如前所述，所建立的回归模型是否反映了总体的特征或规律，即我们所求得的回归方程在总体中是否成立，是回归分析要考虑的首要问题。通常采用方差分析对回归模型进行检验。

H_0：总体回归方程不成立或总体中自变量 X 对因变量 Y 没有贡献。

H_1：总体回归方程成立或总体中自变量 X 对因变量 Y 有贡献。

$\alpha = 0.05$。

如果总体中自变量 X 对因变量 Y 没有贡献，由样本所获得的回归均方（$SS_{回归}/v_{回归}$）与残差均方（$SS_{残差}/v_{残差}$）应相近，反之，如果总体中自变量 X 对因变量 Y 有贡献，回归平方和与回归均方所反映的就不仅仅是随机误差，即回归均方必然要远大于残差均方。那么大到何种程度时才认为具有统计学意义呢？可依据 F 统计量作出推断结论：

$$F = \frac{SS_{回归}/v_{回归}}{SS_{残差}/v_{残差}} = \frac{MS_{回归}}{MS_{残差}} \tag{6-9}$$

式中：$MS_{回归}$，$MS_{残差}$分别表示回归均方与残差均方。

可以证明，在 H_0 成立时，统计量 F 服从自由度为（$v_{回归}, v_{残差}$）的 F 分布。求得 F 值后，查 F 界值表，得到 P 值，按所取检验水准作出推断结论。

对例题的回归方程 $\hat{Y} = -0.1353 + 0.1584X$ 进行方差分析，结果见表 6-2（假设检验步骤略）。

表6-2　简单线性回归模型方差分析表

变异来源	SS	df	MS	F	P
回归	0.0530	1	0.0530	41.376	<0.0001
残差	0.0282	22	0.0013	—	—
总变异	0.0812	23	—	—	—

表 6-2 末列首行可见，$P<0.0001$，按 $\alpha=0.05$，可认为 NO 浓度与车流量之间的回归方程具有统计学意义。

（三）回归系数的假设检验

即使总体回归系数 β 为 0，由于抽样误差的存在，其样本回归系数 b 也不一定为 0，因此尚需作 β 是否为 0 的假设检验。回归系数的检验通常采用 t 统计量。

$$H_0: \beta = 0; \quad H_1: \beta \neq 0; \quad \alpha = 0.05 \tag{6-10}$$

$$t=\frac{b-0}{S_b},\quad v=n-2 \tag{6–11}$$

$$S_b=\frac{S_{Y,X}}{\sum(X-\bar{X})^2} \tag{6–12}$$

$$S_{Y,X}=\sqrt{\frac{SS_{残差}}{n-2}} \tag{6–13}$$

式中：$S_{Y,\ X}$ 为回归的残差标准差；S_b 为样本回归系数标准误。

在简单线性回归模型中，由于只有一个自变量，回归模型的方差分析等价于对回归系数进行的 t 检验，且 $t=\sqrt{F}$ 。

接例题，经计算得（假设检验步骤略）

$S_{Y,X}=0.0358,\quad S_b=0.0246,\quad |t|=\sqrt{F}=6.432,\quad v=n-2=22$ 。由统计量 t 得 $P<0.0001$，按 $\alpha=0.05$，拒绝 H_0，故可认为该回归系数具有统计学意义。

（四）决定系数

一种错误的理解认为，回归系数越大，则自变量对因变量的影响也就越大。回归系数大小与 X 和 Y 两个变量的单位或大小有关，回归系数大只能说明 Y 随 X 的变化越快，但并不完全表明影响大。为描述这种影响的大小，在此引入决定系数来考察在 Y 的总变异中，由 X 所引起的变异占多大的比重，也即在各种影响 NO 浓度的已知或未知因素中，车流量对 NO 浓度的影响有多大。

决定系数是回归分析中重要的统计量，定义为回归平方和与总平方和之比，记为 R^2，且

$$R^2=\frac{SS_{回归}}{SS_{总}} \tag{6–14}$$

因为 $SS_{回归}\leqslant SS_{总}$，所以 R^2 取值在 0 到 1 之间。它的数值大小反映了自变量对回归效果的贡献，也就是在 Y 的总变异中回归关系所能解释的百分比。决定系数也反映了回归模型的拟合效果，人们常把它作为反映拟合优度的指标。可证明，当 X 与 Y 均为随机变量时，决定系数等于相关系数（r）的平方。

接例题，$SS_{回归}$、$SS_{总}$、$SS_{残差}$的数值见表 6–2，由此得

$$R^2=\frac{SS_{回归}}{SS_{总}}=\frac{0.0530}{0.0812}=0.6527=65.27\% \tag{6–15}$$

这说明在空气中 NO 浓度总变异的 65.27% 与车流量有关。

第二节　非线性回归分析方法

在实践中，两个变量之间是绝对的直线关系并不多见，因此不能用简单的线性模型把它们的关系准确地表达出来。例如，血药浓度与时间的曲线是先升后降；药剂量与疗效反应率之间的关系呈曲线变化趋势。有时，在局部内两个变量的关系也许呈直线趋势，扩大范围后却显示出曲线趋势。如人的生长发育，在某一阶段，身高与年龄可以用线性模型来描述，但是从整个生命期看，身高与年龄之间却是明显的曲线关系。

一、利用线性回归拟合曲线

在面临上述新问题时，人们往往先试着套用老办法，迂回地通过线性回归来拟合曲线就是一种办法。对某些情形，此方法是切实可行的，但是对另一些情形却需要慎用。

（一）非直线趋势的处理——曲线直线化

在多重线性回归中，各自变量和因变量之间均应呈线性关联趋势。这应当是线性回归的几个适用条件中最为重要，也是最容易进行核查的一个，分析者可以在事前用散点图进行观察，也可以在模型拟合完毕后对残差进行分析。当该条件被违反时，就必须要采取相应的处理措施，其中最简单和最常用的方法就是曲线直线化，其基本原理是将变量进行变换，从而将曲线方程化为直线回归方程进行分析。例如，通过查阅文献或者观察散点图，研究者发现两变量的联系可能为

$$y = a + \frac{b}{x} \tag{6-16}$$

其中 a 和 b 均为待估参数，则分析时可设变量 $z = \frac{1}{x}$，从而将该方程转化为

$$y = a + bz \tag{6-17}$$

通过对该方程进行标准的线性回归分析，就可以得到相应参数的估计值。

例 为研究小鼠 S78-3 肉瘤体积 Y 随时间 X 的增长规律，得到数据见表 6-3，试以曲线直线化后作最小二乘估计的办法求非线性回归方程。

表6-3 小鼠S78-3肉瘤体积数据

时间 X/ 日	肿瘤体积 Y/ cm^3	直线化法			最小二乘估计值 $\hat{Y}_2$
		估计值 $\hat{Y}_1$	$Y^* = \ln Y$	$\hat{Y}^*$	
0	0.0042	0.0139	−5.4753	−4.2747	0.1575
6	0.0308	0.0355	−3.4809	−3.3375	0.2644
9	0.0614	0.0568	−2.7901	−2.8689	0.3426
11	0.0744	0. 776	−2.5985	−2.5565	0.4072
13	0.1028	0.1060	−2.275	−2.2440	0.4839
15	0.1516	0.1449	−1.8863	−1.9316	0.5752
17	0.2101	0.1981	−1.5601	−1.6192	0.6836
19	0.3390	0.2707	−1.0817	−1.3068	0.8125
21	0.5201	0.3699	−0.6538	−0.9944	0.9657
23	0.7623	0.5056	−0.2714	−0.6820	1.1478
25	1.1020	0.6910	0.0971	−0.3696	1.3642
27	1.5690	0.9444	0.4504	−0.0572	1.6214
29	2.0214	1.2907	0.7038	−0.2552	1.9271
31	2.7661	1.7641	1.0174	0.5676	2.2905
33	3.4289	2.4110	1.2322	0.8800	2.7223
35	4.1425	3.2951	1.4213	1.1924	3.2356
37	4.1593	4.5034	1.4254	1.5048	3.8456
39	4.8590	6.1549	1.5808	1.8172	4.5707
41	5.0037	8.4120	1.6102	2.1297	5.4325
43	6.3052	11.4967	1.8414	2.4421	6.4567
45	7.3461	15.7127	1.9942	2.7545	7.6741

先以 Y 和 X 作散点图，如图 6-3 所示，呈现一曲线趋势。

根据曲线的形状，假设两者呈指数关系，作变换 $Y^*=\ln Y$，以 Y^* 和 X 作散点图，如图 6-4 所示，两者呈直线趋势。

作 Y^* 关于 X 的线性回归，得方程

$$Y^*=-4.2747+0.1562X \tag{6-18}$$

方差分析表明回归具有统计学意义，决定系数 R^2=0.9517，说明 X 解释了 Y^*（即 $\ln Y$）的变异的 95% 以上，线性回归堪称满意。

以 $\hat{Y}^*=\ln\hat{Y}$ 代入线性方程（6-18），得

$$\hat{Y}=0.0139\mathrm{e}^{0.1562x} \tag{6-19}$$

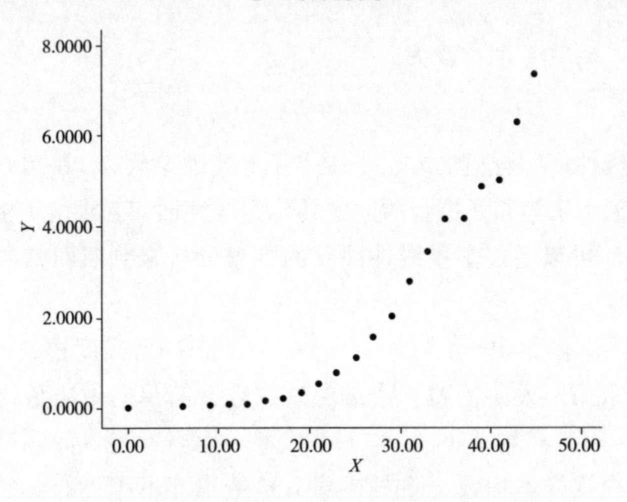

图 6-3　Y 和 X 的散点图

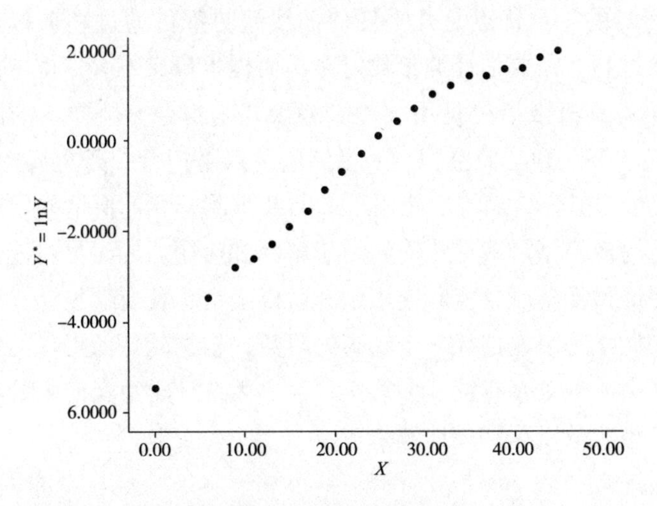

图 6-4　Y^* 和 X 的散点图

并以 X 值代入上式，可得到表 6-3 中第 3 列的估计值，记为 $\hat{Y}_1$。

（二）多项式回归

数学上的多项式函数一般定义为

$$Y = a + b_1X + b_2X^2 + \cdots + b_pX_p \tag{6-20}$$

例如，其中的二阶多项式 $Y = a + b_1X + b_2X^2$ ，其曲线形如抛物线 . 当实际数据 X 与 Y 的散点图看上去与一条抛物线接近时，我们就可以令

$$X_1 = X,\quad X_2 = X^2 \tag{6-21}$$

拟合模型（6–20）即可改为

$$\mu_{Y\ X} = A + BX_1 + CX_2 \tag{6-22}$$

利用多重线性回归分析的方法不难求得上式中参数 A，B 和 C 的最小二乘估计。这样就把本来为曲线拟合的问题转化为线性回归来求解。由于这时并没有对 Y 作变换，可以通过多重线性回归的方差分析来判断回归的统计学意义并计算决定系数。

一般的多项式函数中，X 与 X^2 ，X^3 ，…，X^p 项常高度相关，这样可能造成最小二乘法求解时发生困难。为避免这一点，简单的做法是计算时将模型（6–10）中的 X 用其离均差（$X-\overline{X}$ ）来代替。而当 X 是等间隔取值时，有些统计软件还能根据样本均数 $\overline{X}$ 和样本量 n 构造出互不相关的 X 的各阶多项式进行回归，称为正交多项式回归，有关内容可参见其他参考书。

多项式回归的一个优点是几乎任何曲线趋势都可通过它来拟合，但有时多项式的阶数过高，需要估计的参数过多，而样本量又不大，也造成多项式回归的一大缺陷：其极限情况是用 n–1 阶多项式来拟合 n 个样本的回归，此时数据拟合情况“好”到了完全拟合 (想象用两点来拟合一条直线的情形)，其误差自由度为 0，拟合结果将不能用于推断及预测，我们所谓的回归分析也就失去了意义。为使模型形式尽量简约易于解释和应用，同时尽可能不损失误差的自由度来保证预测精度，实际应用中 3 阶以上情况就属罕见。又考虑到拟合效果，通常的做法是事先估计一个较高的阶数，根据软件所提供的假设检验结果，依次判断高阶项是否有统计学意义，对于无统计学意义的高阶项可依次弃去从而降低模型阶数以达到最佳效果。

二、非线性回归的最小二乘拟合

事实上，一般的非线性回归模型可表示为

$$\mu_{Y\ X}=f\left(\beta_1,\beta_2,\cdots,\beta_p,X\right) \tag{6-23}$$

其中 X 表示自变量，可以是一个，也可以是多个，而 $\beta_1,\beta_2,\cdots,\beta_p$ 为总体回归系数，Y 是我们所感兴趣的因变量，$\mu_{Y\ X}$ 为给定 X 时 Y 的总体均数。这里除了自变量与其总体回归系数之间的关系为非线性以外，模型的其他假定条件与线性回归基本相同。注意到此模型表示为自变量 X 与其相应 $\mu_{Y\ X}$ 而不是对原始 Y 的某个变换的非线性函数，所以当残差服从正态分布时，我们仍可用前述"最小二乘法"原则求解样本回归系数，即找到适宜的 $b_1,b_2,\cdots,b_p$，使得残差平方和 $Q=\sum\left(Y_i-\hat{Y}_i\right)^2$ 达到最小。由于非线性回归函数形式复杂而多变，由最小二乘原则一般无法像线性回归那样得到对回归系数的显式解，需采用一些数值算法进行迭代逼近，常用 Newton–Raphson 等方法。这些数值算法计算量较大，须借助计算机进行，一般的统计软件均有非线性回归最小二乘法估计的内容。为了较为快速并准确地达到目的，初始估计的选择常常是很重要的。利用线性回归拟合曲线方法如果能在不对 Y 作变换的情形下完成非线性回归，就不必再求助于迭代法；如果必须对 Y 作变换，那么线性回归拟合曲线方法也不妨用来产生参数估计的初始值。

例如，对例题中的资料，仍假定回归模型为指数型，应用软件中的 Newton–Raphson 方法可解释样本回归方程为

$$\hat{Y}=0.1575\mathrm{e}^{0.0864X} \tag{6-24}$$

对各 X 值相对应的 $\hat{Y}$ 值见表 6–3 第 6 列，记为 $\hat{Y}_2$。

从式（6–19）和式（6–24）的比较中可见，对同一份样本采用不同估计方法得到的结果并不相同。其中，比较 $\hat{Y}_1$ 和 Y 值，发现当 Y 值不大时，拟合结果尚好，但当 Y 值较大时，拟合结果较差。为什么此例变换后得到的线性回归方程的 R^2 值较好，但曲线拟合值和真实值的误差不太让人满意？主要因为直线化以后的回归只对变换后的 Y^* 负责，得到的线性方程可使 Y^* 与其估计值 $\hat{Y}^*$ 之间的残差平方和最小，并不保证原变量 Y 与其估计值 $\hat{Y}$ 之间的残差平方和也是最小。

例题的结果提示我们，若 Y 不作变换，则曲线直线化后作最小二乘估计可使曲线拟合获得满意的结果；相反，若对 Y 作了变换，则这个方法所得结果不是最佳的。

第三节 回归模型的选择方法

模型选择的基本原则是，既不遗漏一个重要的解释变量，也不把一个无用的解释变量保留在模型中。如何考察一个解释变量在模型中的重要性呢？主要是用它的偏回归平方和的大小来衡量。何为偏回归平方和呢？

假设给定一组解释变量，它的残差平方和为

$$SS_E = \hat{\varepsilon}^{\mathrm{T}}\hat{\varepsilon} = (Y - X\hat{\beta})^{\mathrm{T}}(Y - X\hat{\beta}) = Y^{\mathrm{T}}Y - Y^{\mathrm{T}}X\hat{\beta} \tag{6-25}$$

一、去掉解释变量

假设把其中一个无用的解释变量去掉［不妨去掉 $\varphi_m(u)$，即 $\beta_m = 0$］，相应地可以计算残差平方和为 $SS_E^{(1)}$，如果 $SS_E^{(1)} - SS_E$，则称 $SS_E^{(1)} - SS_E$ 为解释变量 $\varphi_m(u)$ 的偏回归平方和，它的大小反映了 $\varphi_m(u)$ 在模型中贡献的大小，是衡量一个解释变量的重要性的定量指标。究竟多大为重要（需要保留），多小为不重要（可以去掉）？这就需要给出一个统计界限值。

不妨设要考察第 j 个解释变量 $\varphi_j(u)(1 \leqslant j \leqslant m)$ 的偏回归平方和。

如果已知 $\hat{\beta} = \left(X^{\mathrm{T}}X\right)^{-1}X^{\mathrm{T}}Y$ 为回归系数的估计值，相关矩阵 $\left(X^{\mathrm{T}}X\right)^{-1} = \left(C_{ij}\right)$，则可以说明，$\varphi_j(u)$ 的偏回归平方和为 $SS_E^{(j)} = \dfrac{\hat{\beta}_j^2}{C_{ij}}(j = 1, 2, \cdots, m)$，其中 $\hat{\beta}_j$ 为 β_j 的估计值，C_{ij} 为相关矩阵的对角元素。

如果存在一个 $k(1 \leqslant k \leqslant m)$ 使 $SS_E^{(k)} = \min_{1 \leqslant j \leqslant m} SS_E^{(j)}$，即第 k 个解释变量 $\varphi_k(u)$ 在模型中起的作用最小，能否把它去掉还要考察相应的 F 统计量：

$$F = F\left(1, f_E\right) = \frac{SS_E^{(k)}}{MS_E} \tag{6-26}$$

其中 $MS_E = \dfrac{SS_E}{f_E}$ 为均值。

取一个显著水平 α，对应地可查表得到 $F_\alpha(1,f_E)$，用数值计算 $F(1,f_E)$，并与 $F_\alpha(1,f_E)$ 比较：

当 $F(1,f_E)<F_\alpha(1,f_E)$ 时，则称第 k 个解释变量 $\varphi_k(u)$ 是不显著的，可以去掉；

当 $F(1,f_E)>F_\alpha(1,f_E)$ 时，则称第 k 个解释变量 $\varphi_k(u)$ 是显著的，不可以去掉，并且其他的也都不能去掉。

注　去掉一个变量后，需要重新计算所有的偏回归平方和，因为变重之间有相关性，原来在 m 个变量中作用第二小的那个变量在 $m-1$ 个变量中其偏回归平方和不一定是最小的，一般会发生变化。

二、增加解释变量

设要引进的变量为 $x_{m+1}=\varphi_{m+1}(u)$，记 x_{m+1} 在试验观测点 $u_1,u_2,\cdots,u_n$ 的值为

$$\bar{x}_{m+1}=\left(\varphi_{m+1}(u_1),\varphi_{m+1}(u_2),\cdots,\varphi_{m+1}(u_n)\right)^{\mathrm{T}} \tag{6-27}$$

则 m 个变量的回归系数的估计值取为

$$\hat{\beta}\left(\bar{x}_{m+1}\right)=\left(X^{\mathrm{T}}\cdot X\right)^{-1}X^{\mathrm{T}}\bar{x}_{m+1} \tag{6-28}$$

相应的残差平方和为

$$SS_E\left(\bar{x}_{m+1},Y\right)=\left(Y-X\hat{\beta}\left(\bar{x}_{m+1}\right)\right)^{\mathrm{T}}\cdot\left(\bar{x}_{m+1}-X\hat{\beta}\left(\bar{x}_{m+1}\right)\right) \tag{6-29}$$

$SS_E^{(m+1)}$ 的大小反映了 $\varphi_{m+1}(u)$ 对模型影响的大小，是衡量 $\varphi_{m+1}(u)$ 的作用的定量指标。究竟 $SS_E^{(m+1)}$ 多大可以引进，多小不需要引进呢？这就需要建立统计量，找出界限值。

假设 m+1 个变量的残差平方和为 $SS_{\tilde{E}}$，它比原 m 个变量的残差平方和 $SS_E^{(m+1)}$，即

$$SS_{\tilde{E}}=SS_E-SS_E^{(m+1)} \tag{6-30}$$

相应的自由度为 $f_{\tilde{E}}=f_E-f_E^{(m+1)}=n-m-1$。

不妨设 $SS_E^{(m+1)}$ 是所有准备增加的变量中其偏回归平方和最大的一个，它是否需要增加到模型中去，要考察 F 统计量：

$$F\left(1,f_{\tilde{E}}\right)=\frac{MS_E^{(m+1)}}{MS_{\tilde{E}}}=\frac{SS_E^{(m+1)}}{SS_{\tilde{E}}/(n-m-1)} \tag{6-31}$$

取一个显著性水平 α，查表得 $F_\alpha\left(1,f_{\tilde{E}}\right)$，计算得到 $F_\alpha\left(1,f_{\tilde{E}}\right)$ 并比较二者大小。如果 $F\left(1,f_{\tilde{E}}\right)\geqslant F_\alpha\left(1,f_{\tilde{E}}\right)$，则第 $m+1$ 个解释变量 $\varphi_{m+1}(u)$ 需要增加到模型中去，否则无须增加，而且也没有其他的变量需要增加了。

注 在增加了 $\varphi_{m+1}(u)$ 以后，可以继续上面的过程，考察其他准备引入的变量中其偏回归平方和最大的那一个变量作为 $\varphi_{m+2}(u)$，注意在 m 个变量中偏归平方和第二大的那个变量在 $m+1$ 个中不一定是最大的，这是因为变量有一定的相关性。

三、模型选择的一般方法

上面给出了在已知模型中剔除和增加解释变量的具体方法和步骤，模型选择的一般方法如下：

（1）淘汰法（向后法）。基本思想是：把所有可选择的变量都放进模型中，而后逐个做剔除检验，直到不能剔除为止，最后得到所选的模型。

（2）纳新法（向前法）。基本思想是：先少选取几个变量进入模型中，而后对其他的变量逐个地做引入模型的检验，直到不能引入为止，得到最后的模型。

（3）逐步回归法（吐故纳新法）。基本思想是结合上面的两种方法。

第四节　回归模型的正交化设计方法

由上面的讨论我们可以知道，因为模型的解释变量之间有很复杂的相关性，给回归系数的估计、模型的选择都带来很多的麻烦，为了简化计算，可借助正交函数系使问题简化。

一、正交的概念

设 $\varphi_1(u),\varphi_2(u),\cdots,\varphi_m(u)$ 是 m 个解释变量，如果对于 $u_1,u_2,\cdots,u_n$ 满足

$$\sum_{i=1}^{n}\varphi_k^2\left(u_i\right)\neq 0(k=1,2,\cdots,m) \tag{6-32}$$

$$\sum_{i=1}^{n}\varphi_k\left(u_i\right)\varphi_j\left(u_i\right)=0(j\neq k) \tag{6-33}$$

则称 $\varphi_1(u),\varphi_2(u),\cdots,\varphi_m(u)$ 是正交的（$m\leqslant n$）。

如何构造正交函数系呢？通常情况下，正交函数都为正交多项式，首先来说明对于一维回归变量 u 构造正交多项式的方法。

设有点列 $u_1,u_2,\cdots,u_n$，取 $\varphi_1(u)=1,\varphi_2(u)=u-\bar{u}$，其中 $\bar{u}=\frac{1}{n}\sum_{i=1}^{n}u_i$。

假设已做出了 $k\ (k\geqslant 1)$ 阶正交多项式 $\varphi_1(u),\varphi_2(u),\cdots,\varphi_{k+1}(u)$，则第 k+1 阶正交多项式为 $\varphi_{k+2}(u)=\left(u-a_{k+1}\right)\varphi_{k+1}(u)-b_k\varphi_k(u)$，其中

$$a_{k+1}=\frac{\sum_{i=1}^{n}u_i\varphi_{k+1}\left(u_i\right)}{\sum_{i=1}^{n}\varphi_{k+1}^2\left(u_i\right)},b_k=\frac{\sum_{i=1}^{n}\varphi_{k+1}^2\left(u_i\right)}{\sum_{i=1}^{n}\varphi_k^2\left(u_i\right)}\quad(i\leqslant k\leqslant n)\tag{6-34}$$

由此可以构造出任意阶的正交多项式。

一般说来，在多维的回归变量的点列上构造正交多项式是很复杂的，现在的问题是能否找到一种方法可将任意一组解释变量正交化，这就是下面的克拉姆－施密特（Gram–Schmidt）正交化方法。

设 $\varphi_1(u),\varphi_2(u),\cdots,\varphi_m(u)$ 是由 $u_1,u_2,\cdots,u_n$ 确定的一组线性无关的解释变量，构造 $\psi_1(u),\psi_2(u),\cdots,\psi_m(u)$ 如下：

$$\begin{aligned}
&\psi_1(u)=\varphi_1(u)\\
&\psi_2(u)=\varphi_2(u)-b_{21}\psi_1(u)\\
&\psi_3(u)=\varphi_3(u)-b_{32}\psi_2(u)-b_{31}\psi_1(u)\\
&\vdots\\
&\psi_k(u)=\varphi_k(u)-b_{kk-1}\psi_{k-1}(u)-\cdots-b_{k1}\psi_1(u)\\
&\vdots\\
&\psi_m(u)=\varphi_m(u)-b_{mm-1}\psi_{m-1}(u)-\cdots-b_{m1}\psi_1(u)
\end{aligned}\tag{6-35}$$

其中 $b_{kj}=\frac{\sum_{i=1}^{n}\varphi_k\left(u_i\right)\varphi_j\left(u_i\right)}{\sum_{i=1}^{n}\psi_j^2\left(u_i\right)}$，　$k=2,3,\cdots,m,\quad j=1,2,\cdots,k-1$。相当于对 $\varphi_1(u),\varphi_2(u),\cdots,\varphi_m(u)$ 做了一个满秩变换，可以验证 $\psi_1(u)$，$\psi_2(u),\cdots,\psi_m(u)$ 是在点列 $u_1,u_2,\cdots,u_n$ 上的正交的解释变量。

二、正交性在建模中的应用

假设 $\varphi_1(u),\varphi_2(u),\cdots,\varphi_m(u)$ 是 $u_1,u_2,\cdots,u_n$ 上的正交解释变量，建立模型如下：

$$\eta(u)=\beta_1\varphi_1(u)+\beta_2\varphi_2(u)+\cdots+\beta_m\varphi_m(u) \tag{6-36}$$

又假设由 $u_1,u_2,\cdots,u_n$ 对应的观测值为 $y_1,y_2,\cdots,y_n$，则利用正交性可得回归系数的最小二乘估计值为

$$\hat{\beta}_k=\frac{\sum_{i=1}^{n}y_i\varphi_k\left(u_i\right)}{\sum_{i=1}^{n}\varphi_k^2\left(u_i\right)},\quad k=1,2,\cdots,m \tag{6-37}$$

第 k 个解释变量的偏回归平方和为

$$SS_E^{(k)}=\hat{\beta}_k^2\left(\sum_{i=1}^{n}\varphi_k^2\left(u_i\right)\right)=\frac{\left(\sum_{i=1}^{n}y_i\varphi_k\left(u_i\right)\right)^2}{\sum_{i=1}^{n}\varphi_k^2\left(u_i\right)},\quad (k=1,2,\cdots,m) \tag{6-38}$$

残差平方和为

$$SS_E=\sum_{i=1}^{n}y_i^2-\sum_{k=1}^{m}SS_E^{(k)} \tag{6-39}$$

由此可以大大地简化计算，而且在模型选择的检验中，剔除变量或引入变量后其余变量的回归系数和偏回归平方和的值不改变（因为它与变量个数无关）。

第七章　插值与拟合

第一节　插值方法

下面介绍几种基本的、常用的插值：拉格朗日多项式插值、牛顿插值、分段线性插值。

一、拉格朗日多项式插值

（一）插值多项式

用多项式作为研究插值的工具，称为代数插值。其基本问题是已知函数 f（x）在区间 $[a, b]$ 上 $n+1$ 个不同点 $x_0, x_1, \cdots, x_n$ 处的函数值 $y_i = f\left(x_i\right)(i=0,1,\cdots,n)$，求一个至多 n 次多项式

$$\varphi_n(x)=a_0+a_1x+\cdots+a_nx^n \tag{7-1}$$

使其在给定点处与 f（x）同值，即满足插值条件

$$\varphi_n\left(x_i\right)=f\left(x_i\right)=y_i(i=0,1,\cdots,n) \tag{7-2}$$

$\varphi_n(x)$ 称为插值多项式，$x_i(i=0,1,\cdots,n)$ 称为插值节点，简称节点，[a，b] 称为插值区间。从几何上看，n 次多项式插值就是过 $n+1$ 个点 $\left(x_i, f\left(x_i\right)\right)$，作一条多项式曲线 $y=\varphi_n(x)$ 的近似曲线 $y=f(x)$。

n 次多项式（7–1）有 $n+1$ 个待定系数，由差值条件（7–2）恰好给出 $n+1$ 个方程

$$\begin{cases} a_0+a_1x_0+\cdots+a_nx_0^n=y_0 \\ a_0+a_1x_1+\cdots+a_nx_1^n=y_1 \\ \vdots \\ a_0+a_1x_n+\cdots+a_nx_n^n=y_n \end{cases} \tag{7-3}$$

记此方程组的系数矩阵为 $\boldsymbol{A}$，则

$$\det \boldsymbol{A}=\begin{vmatrix} 1 & x_0 & x_0^2 & \cdots & x_0^n \\ 1 & x_1 & x_1^2 & \cdots & x_1^n \\ \vdots & \vdots & \vdots & & \vdots \\ 1 & x_n & x_n^2 & \cdots & x_n^n \end{vmatrix} \tag{7-4}$$

是范德蒙特行列式。当$x_0,x_1,\cdots,x_n$互不相同时，此行列式值不为零。因此方程组（7–3）有唯一解，这表明，只要n+1个节点互不相同，满足插值要求（7–2）的插值多项式（7–1）是唯一的。

插值多项式与被插函数之间的差为

$$R_n(x)=f(x)-\varphi_n(x) \tag{7–5}$$

上式称为截断误差，又称为插值余项，当$f(x)$充分光滑时，有

$$R_n(x)=f(x)-L_n(x)=\frac{f^{(n+1)}(\xi)}{(n+1)!}\omega_{n+1}(x),\xi\in(a,b) \tag{7–6}$$

其中$\omega_{n+1}(x)=\prod_{j=0}^{n}\left(x-x_j\right)$。

（二）拉格朗日插值多项式

实际上比较方便的做法不是解方程（7–3）求待定系数，而是先构造一组基函数

$$l_i(x)=\frac{\left(x-x_0\right)\cdots\left(x-x_{i-1}\right)\left(x-x_{i+1}\right)\cdots\left(x-x_n\right)}{\left(x_i-x_0\right)\cdots\left(x_i-x_{i-1}\right)\left(x_i-x_{i+1}\right)\cdots\left(x_i-x_n\right)}=\prod_{\substack{j=0\\ j\neq i}}^{n}\frac{\left(x-x_j\right)}{\left(x_i-x_j\right)},(i=0,1,\cdots,n) \tag{7–7}$$

其中$l_i(x)$是n次多项式，满足

$$l_i\left(x_j\right)=\begin{cases}0, & j\neq i\\ 1, & j=i\end{cases} \tag{7–8}$$

令

$$L_n(x)=\sum_{i=0}^{n}y_i l_i(x)=\sum_{i=0}^{n}y_i\left(\prod_{\substack{j=0\\ j\neq i}}^{n}\frac{\left(x-x_j\right)}{\left(x_i-x_j\right)}\right) \tag{7–9}$$

式（7–9）称为n次Lagrange插值多项式，由方程（7–3）解的唯一性可知，n+1个节点的n次插值多项式存在唯一。

（三）用MATLAB作Lagrange插值

MATLAB中没有现成的Lagrange插值函数，必须编写一个M文件实现Lagrange插值。设n个节点数据以数组x_0，y_0输入（注意MATLAB的数组下标从1开始），m个插值点以数组x输入，输出数组y为对应的m个插值。编写一个个名为lagrange. m的M文件：

```
function y= lagrange(x0，y0，x)；
```

```
n= length(x0) ;m= length(x);
for i= 1m
z= x(i);
s= 0. 0;
for k= 1n
p= 1.0;
for j= 1n
if j~=k
p= p* (z- x0(j))/(x0(k)- x0(j));
end
end
s= p* y0(k)+ s;
end
y(i)= s;
End
```

二、牛顿插值

在导出 Newton 公式前，先介绍公式表示中所需要用到的差商、差分的概念及性质。

（一）差商

定义 1 设有函数 $f(x), x_0, x_1, x_2, \cdots$ 为一系列互不相等的点，称

$$\frac{f(x_i)-f(x_j)}{x_i-x_j}(i \neq j) \tag{7-10}$$

为 $f(x)$ 关于点 (x_i, x_j) 的一阶差商（也称均差），记为 $f[x_i, x_j]$，即

$$f[x_i, x_j]=\frac{f(x_i)-f(x_j)}{x_i-x_j} \tag{7-11}$$

称一阶差商的差商

$$\frac{f[x_i, x_j]-f[x_j, x_k]}{x_i-x_k} \tag{7-12}$$

为 $f(x)$ 关于点 x_i,x_j,x_k 的二阶差商，记为 $f\left[x_i,x_j,x_k\right]$。

一般地，称

$$\frac{f\left[x_0,x_1,\cdots,x_{k-1}\right]-f\left[x_1,x_2,\cdots,x_k\right]}{x_0-x_k} \tag{7-13}$$

为 $f(x)$ 关于点 $x_0,x_1,\cdots,x_k$ 的 k 阶差商，记为

$$f\left[x_0,x_1,\cdots,x_k\right]=\frac{f\left[x_0,x_1,\cdots,x_{k-1}\right]-f\left[x_1,x_2,\cdots,x_k\right]}{x_0-x_k} \tag{7-14}$$

容易证明，差商具有下述性质：

$$f\left[x_i,x_j\right]=f\left[x_j,x_i\right] \tag{7-15}$$

$$f\left[x_i,x_j,x_k\right]=f\left[x_i,x_k,x_j\right]=f\left[x_j,x_i,x_k\right] \tag{7-16}$$

（二）Newton 插值公式

线性插值公式可表示为

$$\varphi_1(x)=f\left(x_0\right)+\left(x-x_0\right)f\left[x,x_1\right] \tag{7-17}$$

称为一次 Newton 插值多项式。

一般地，由各阶差商的定义，依次可得

$$f(x)=f\left(x_0\right)+\left(x-x_0\right)f\left[x,x_0\right]$$

$$f\left[x,x_0\right]=f\left[x_0,x_1\right]+\left(x-x_1\right)f\left[x,x_0,x_1\right]$$

$$f\left[x,x_0,x_1\right]=f\left[x_0,x_1,x_2\right]+\left(x-x_2\right)f\left[x,x_0,x_1,x_2\right] \tag{7-18}$$

$$\cdots\cdots$$

$f\left[x,x_0,\cdots,x_{n-1}\right]=f\left[x_0,x_1,\cdots,x_n\right]+\left(x-x_n\right)f\left[x,x_0,\cdots,x_n\right]$ 将以上各式分别乘以 $1,\left(x-x_0\right)$，$\left(x-x_0\right)\left(x-x_1\right),\cdots,\left(x-x_0\right)\left(x-x_1\right)\cdots\left(x-x_{n-1}\right)$，然后相加并消去两边相等的部分，即得

$$\begin{aligned}f(x)=&f\left(x_0\right)+\left(x-x_0\right)f\left[x_0,x_1\right]+\cdots+\\&\left(x-x_0\right)\left(x-x_1\right)\cdots\left(x-x_{n-1}\right)f\left[x_0,x_1,\cdots,x_n\right]+\\&\left(x-x_0\right)\left(x-x_1\right)\cdots\left(x-x_n\right)f\left[x,x_0,x_1,\cdots,x_n\right]\end{aligned} \tag{7-19}$$

记

$$
\begin{aligned}
& N_n(x)=f\left(x_0\right)+\left(x-x_0\right)f\left[x_0,x_1\right]+\cdots+ \\
& \left(x-x_0\right)\left(x-x_1\right)\cdots\left(x-x_{n-1}\right)f\left[x_0,x_1,\cdots,x_n\right] \\
& R_n(x)=\left(x-x_0\right)\left(x-x_1\right)\cdots\left(x-x_n\right)f\left[x,x_0,x_1,\cdots,x_n\right] \\
& =\omega_{n+1}(x)f\left[x,x_0,x_1,\cdots,x_n\right]
\end{aligned} \tag{7-20}
$$

显然，$N_n(x)$ 是至多 n 次的多项式，且满足插值条件，因而它是 $f(x)$ 的 n 次插值多项式。这种形式的插值多项式称为 Newton 插值多项式，插值多项式只增加一项，即

$$N_{n+1}(x)=N_n(x)+\left(x-x_0\right)\cdots\left(x-x_n\right)f\left[x_0,x_1,\cdots,x_{n+1}\right] \tag{7-21}$$

因而便于递推运算，而且 Newton 插值的计算量小于 Lagrange 插值。

由插值多项式的唯一性可知，Newton 插值余项与 Lagrange 余项也是相等的，即

$$R_n(x)=\omega_{n+1}(x)f\left[x,x_0,x_1,\cdots,x_n\right]=\frac{f^{(n+1)}(\xi)}{(n+1)!}\omega_{n+1}(x),\xi\in(a,b) \tag{7-22}$$

由此可得差商与导数的关系：

$$f\left[x_0,x_1,\cdots,x_n\right]=\frac{f^{(n)}(\xi)}{n!} \tag{7-23}$$

其中，$\xi\in(\alpha,\beta),\alpha=\min_{0\leqslant i\leqslant n}\left\{x_i\right\},\beta=\max_{0\leqslant i\leqslant n}\left\{x_i\right\}$。

（三）差分

当节点等距，即相邻两个节点之差（称为步长）为常数时，Newton 插值公式的形式会更简单，此时关于节点间函数的平均变化率（差商）可用函数值之差(差分)来表示。

定义 2 设有等距节点 $x_k=x_0+kh(k=0,1,\cdots,n)$，步长 h 为常数，$f_k=f\left(x_k\right)$。称相邻两个节点 x_k,x_{k+1} 处的函数值的增量 $f_{k+1}-f_k(k=0,1,\cdots,n-1)$ 为函数 $f(x)$ 在点 x_k 处以 h 为步长的一阶差分，记为 Δf_k，即

$$\Delta f_k=f_{k+1}-f_k \tag{7-24}$$

类似地，定义差分的差分为高阶差分，如二阶差分为

$$\Delta^2 f_k=\Delta f_{k+1}-\Delta f_k \tag{7-25}$$

一般地，m 阶差分为

$$\Delta^m f_k = \Delta^{m-1} f_{k+1} - \Delta^{m-1} f_k \quad (7\text{–}26)$$

上面定义的各阶差分又称为向前差分，常用的差分还有

$$\nabla f_k = f_k - f_k - 1 \quad (7\text{–}27)$$

称为 $f(x)$ 在 x_k 处以 h 为步长的向后差分。

一般地，m 阶向后差分与 m 阶中心差分公式为

$$\nabla^m f_k = \nabla^{m-1} f_k - \nabla^{m-1} f_{k-1} \quad (7\text{–}28)$$

$$\nabla^m f_k = \sum_{j=0}^{m} (-1)^j \binom{m}{j} f_{k-j} \quad (7\text{–}29)$$

差分具有以下性质：

（1）各种差分均可表示成函数值的线性组合，例如

$$\Delta^m f_k = \sum_{j=0}^{m} (-1)^j \binom{m}{j} f_{k+m-j} \quad (7\text{–}30)$$

$$\nabla^m f_k = \sum_{j=0}^{m} (-1)^j \binom{m}{j} f_{k-j} \quad (7\text{–}31)$$

（2）各种差分之间可以互化。向后差分与中心差分化成向前差分的公式如下：

$$\nabla^m f_k = \Delta^m f_k - m \quad (7\text{–}32)$$

$$\delta^m f_k = \Delta^m f_{k-m/2} \quad (7\text{–}33)$$

三、分段线性插值

（一）插值多项式的振荡

用 Lagrange 插值多项式 $L_n(x)$ 近似 $f(x)(a \leqslant x \leqslant b)$，虽然随着节点个数的增加，$L_n(x)$ 的次数 n 变大，多数情况下误差 $|R_n(x)|$ 会变小。但是 n 增大时，$L_n(x)$ 的光滑性变差，有时会出现很大的振荡，如图 7–1 所示。理论上，当 $n \to \infty$ 时，在 $[a, b]$ 内并不能保证 $L_n(x)$ 处处收敛于 $f(x)$。Runge 给出了一个有名的例子：

$$f(x)=\frac{1}{1+x^2},\quad x\in[-5,5] \tag{7-34}$$

对于较大的 $|x|$，随着 n 的增大，$L_n(x)$ 振荡越来越大，事实上可以证明，仅当 $|x|\leqslant 3.63$ 时，才有 $\lim\limits_{n\to\infty}L_n(x)=f(x)$，而此区间外，$L_n(x)$ 是发散的。

高次插值多项式的这些缺陷，促使人们转而寻求简单的低次多项式插值。

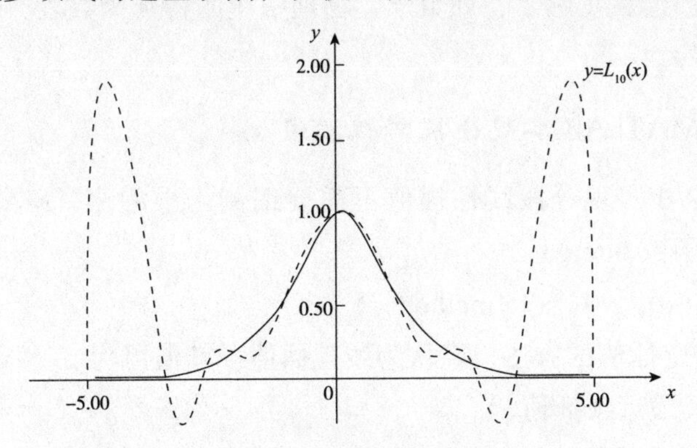

图 7-1　函数图像和多项式拟合曲线图像

（二）分段线性插值

简单地说，将每两个相邻的节点用直线连起来，如此形成的一条折线就是分段线性插值函数，记作 $I_n(x)$，它满足 $I_n(x_i)=y_i$，且 $I_n(x)$ 在每个小区间 $[x_i,\ x_{i+1}]$ 上是线性函数 $(i=0,1,\cdots,n)$。

$I_n(x)$ 可以表示为

$$I_n(x)=\sum_{i=0}^{n}y_il_i(x) \tag{7-35}$$

其中

$$l_i(x)=\begin{cases}\dfrac{x-x_{i-1}}{x_i-x_{i-1}},x\in[x_{i-1},x_i]\ (i=0\text{ 时舍去}) \\ \dfrac{x-x_{i+1}}{x_i-x_{i+1}},x\in[x_i,x_{i+1}]\ (i=0\text{时舍去}) \\ 0,\text{其他}\end{cases} \tag{7-36}$$

$I_n(x)$ 具有良好的收敛性，即对于 $x \in [a,b]$ 有

$$\lim_{n \to \infty} I_n(x) = f(x) \tag{7-37}$$

用 $I_n(x)$ 计算 x 点的插值时，只用到 x 左右的两个节点，计算量与节点个数 n 无关。但 n 越大，分段越多，插值误差越小。实际上用函数表作插值计算时，分段线性插值就足够了，如数学、物理中用的特殊函数表、数理统计中用的概率分布表等。

（三）用 MATLAB 实现分段线性插值

用 MATLAB 实现分段线性插值不需要编制函数程序，MATLAB 中有现成的一维插值函数 interp1。

y= interp1(x0，y0，x，‘method’)

method 指定插值的方法，默认为线性插值。其值可为

‘ nearest’最近项插值；

‘linear’线性插值；

‘spline’逐段 3 次样条插值；

‘cubic’保凹凸性 3 次插值。

所有的插值方法要求 x0 是单调的。

当 x0 为等距时可以用快速插值法，使用快速插值法的格式为‘nearest’、‘linear’、‘spline’、‘cubic’。

第二节　曲线拟合的线性最小二乘法

一、线性最小二乘法

曲线拟合问题的提法是，已知一组（二维）数据，即平面上的 n 个点 $(x_i, y_i)(i = 1,2,\cdots,n)$，$x_i$ 互不相同，寻求一个函数（曲线）$y = f(x)$，使 $f(x)$ 在某种准则下与所有数据点最为接近，即曲线拟合得最好。

线性最小二乘法是解决曲线拟合最常用的方法，基本思路是令

$$f(x) = a_1 r_1(x) + a_2 r_2(x) + \cdots + a_n r_n(x) \tag{7-38}$$

其中，$r_k(x)$ 是事先选定的一组线性无关的函数，a_k 是待定系数$(k=1,2,\cdots,m,m<n)$。

拟合准则是使 $y_i(i=1,2,\cdots,n)$ 与 $f(x_i)$ 的距离 δ_i 的平方和最小，称为最小二乘准则。

（一）系数 a_k 的确定

记

$$J(a_1,\cdots,a_m)=\sum_{i=1}^{n}\delta_i^2=\sum_{i=1}^{n}\left[f(x_i)-y_i\right]^2 \tag{7-39}$$

为使 $J(a_1,\cdots,a_m)$ 达到最小，只需利用极值的必要条件使 $\frac{\partial J}{\partial a_k}=0(k=1,\cdots,m)$，得到关于 $a_1,\cdots,a_m$ 的线性方程组

$$\sum_{i=1}^{n}r_j(x_i)\left[\sum_{k=1}^{n}a_k r_k(x_i)-y_i\right]=0,(j=1,\cdots,m) \tag{7-40}$$

即

$$\sum_{k=1}^{n}a_k\left[\sum_{i=1}^{n}r_j(x_i)r_k(x_i)\right]=\sum_{i=1}^{n}r_j(x_i)y_i,(j=1,\cdots,m) \tag{7-41}$$

记

$$\boldsymbol{R}=\begin{bmatrix} r_1(x_1) & \cdots & r_m(x_1) \\ \vdots & & \vdots \\ r_1(x_n) & \cdots & r_m(x_n) \end{bmatrix}_{n\times m} \tag{7-42}$$

$$\boldsymbol{A}=\left[a_1,\cdots,a_m\right]^{\mathrm{T}} \tag{7-43}$$

$$\boldsymbol{Y}=\left[y_1,\quad \cdots,\quad y_n\right]^{\mathrm{T}} \tag{7-44}$$

方程组（7–41）可表示为

$$\boldsymbol{R}^{\mathrm{T}}\boldsymbol{R}\boldsymbol{A}=\boldsymbol{R}^{\mathrm{T}}\boldsymbol{Y}。 \tag{7-45}$$

当 $\{r_1(x),r_2(x),\cdots,r_m(x)\}$ 线性无关时，$\boldsymbol{R}$ 列满秩，$\boldsymbol{R}^{\mathrm{T}}\boldsymbol{R}$ 可逆，于是方程组（7–45）有唯一解：

$$\boldsymbol{A}=\left(\boldsymbol{R}^{\mathrm{T}}\boldsymbol{R}\right)^{-1}\boldsymbol{R}^{\mathrm{T}}\boldsymbol{Y} \tag{7-46}$$

（二）函数 $r_k(x)$ 的选取

面对一组数据 $(x_i, y_i)(i=1,2,\cdots,n)$，用线性最小二乘法作曲线拟合时，首要的，也是关键的一步是恰当地选取 $r_1(x), r_2(x), \cdots, r_m(x)$。如果通过机理分析，能够知道 y 与 x 之间应该有什么样的函数关系，则 $r_1(x), r_2(x), \cdots, r_m(x)$ 容易确定。若无法知道 y 与 x 之间的关系，通常可以将数据 $(x_i, y_i)(i=1,2,\cdots,n)$ 作图，直观地判断应该用什么样的曲线去作拟合。常用的曲线如下：

（1）直线：$y = a_1x + a_2$；

（2）多项式：$y = a_1x^m + \cdots + a_mx + a_{m+1}$（一般 m=2、3，不宜太高）；

（3）双曲线（一支）：$y = \frac{a_1}{x} + a_2$；

（4）指数曲线：$y = a_1e^{a_2x}$。

对于指数曲线，拟合前需作变量代换，化为对 a_1，a_2 的线性函数。

已知一组数据，想知道用什么样的曲线拟合最好，可以在直观判断的基础上选几种曲线分别拟合，然后比较，看哪条曲线的最小二乘指标 J 最小。

二、最小二乘法的 MATLAB 实现

（一）解方程组方法

在上面的记号下，

$$J(a_1, \cdots, a_m) = \| \mathbf{RA} - y \|^2 \tag{7-47}$$

MATLAB 中的线性最小二乘的标准型为

$$\min_A \| \mathbf{RA} - y \|_2^2 \tag{7-48}$$

例 用最小二乘法求一个形如 $y=a+bx^2$ 的经验公式，使它与表 7-1 所示的数据拟合。

表7-1　测量数据

x	19	25	31	38	44
y	19.0	32.3	49.0	73.3	97.8

解 编写程序如下：

```
x=[19  25  31  38  44]’;
y=[19.0  32.3  49.0  73.3  97.8]’;
r= [ones(5, 1), x. ^2];
ab= r\y
x0= 190. 144 ;
y0= ab(1)+ ab(2)* x0. ^2 ;
plot(x, y, ‘o’, x0, y0. ‘r’ )
```

（二）多项式拟合

如果取 $\{r_1(x),r_2(x),\cdots,r_{m+1}(x)\}=\{1,x,\cdots,x^m\}$，即用 m 次多项式拟合给定的数据，MATLAB 中有现成的函数 a= polyfit（x0，y0，m），其中，输入参数 x_0，y_0 为要拟合的数据；m 为拟合多项式的次数；输出参数 a 为拟合多项式 $y=a_m x^m+\cdots+a_1 x+a_0$ 的系数，$a=[a_m,\ \cdots,\ a_1,\ a_0]$。

多项式在 x 处的值 y 可用下面的函数计算：

y= polyval（a，x） （7-49）

例 某企业 2015—2021 年的生产利润见表 7-2。

表7-2 各年份生产利润

年份	2015	2016	2017	2018	2019	2020	2021
利润 / 万元	70	122	144	152	174	196	202

试预测 2022 年和 2023 的利润。

解 作已知数据的散点图。

```
x0=[ 2015 2016 2017 2018 2019 2020 2021] ;
y0= [70 122 144 152 174 196 202] ;
plot(x0, y0,’ *’ )
```

发现该乡镇企业的年生产利润几乎直线上升，因此，我们可以用 $y=a_1 x+a_2$ 作为拟合函数来预测该乡镇企业未来的年利润。编写程序如下：

```
x0=[ 2015 2016 2017 2018 2019 2020 2021 ];
y0=[ 70 122 144 152 174 196 202] ;
```

```
a= polyfit(x0，y0，1)
y97= polyval(a，2021)
y98= polyval(a，2022)
```

求得

$a_1=20, a_0=-4.0705\times10^4$，2021 年的生产利润 y_{21}= 233.428 6 万元，2022 年的生产利润 y_{22}= 253. 928 6 万元。

例 已知热敏电阻数据如表 7–3 所示。

表7–3 热敏电阻数据

温度 t/℃	20.5	32.7	51.0	73.0	95.7
电阻 R/ Ω	765	826	873	942	1032

求 60℃时的电阻。

解 由图 7–2 可知，可以用关于温度的一次拟合函数 $R=a_1t+a_2$ 求电阻。

用命令"ployfit(x，y，m)"。其中，x 为自变量取值，y 为函数取值，m 为拟合多项式的最高项次数。

```
x=[20.5  32.7  51.0  73.0  95.70]；
R=[765  826  873  942  1032]；
[p，s]= polyfit(x，R，1)  %一次多项式拟合
z= polyval(p，60)  %求拟合函数在变量取 60 时的函数值
```

得到 $a_1=3.3940, a_2=702.4918, z=906.0212$。

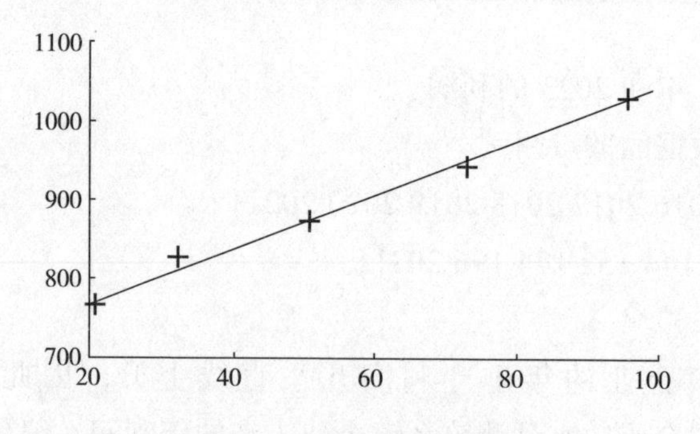

图 7–2 散点图和拟合曲线

第三节　曲线拟合与函数逼近

前面讲的曲线拟合是已知一组离散数据 $\{(x_i, y_i), i = 1, \cdots, n\}$，选择一个较简单的函数 $f(x)$，如多项式，在一定准则如最小二乘准则下最接近这些数据。

如果已知一个较为复杂的连续函数 $y(x)$, $x \in [a,b]$，要求选择一个较简单的函数 $f(x)$，在一定准则下最接近 $y(x)$，就是所谓的函数逼近。

与曲线拟合的最小二乘准则相对应，函数逼近常用的一种准则是最小平方逼近，即

$$J = \int_a^b [f(x) - y(x)]^2 \mathrm{d}x \tag{7-50}$$

达到最小。与曲线拟合一样，选一组函数 $\{r_k(x), k = 1, \cdots, m\}$ 构造 $f(x)$，即令

$$f(x) = a_1 r_1(x) + a_2 r_2(x) + \cdots + a_n r_n(x) \tag{7-51}$$

代入（7–50），求 $a_1, \cdots, a_m$ 使 J 达到极小。利用极值必要条件可得

$$\begin{bmatrix} (r_1, r_1) & \cdots & (r_1, r_m) \\ \vdots & & \vdots \\ (r_m, r_1) & \cdots & (r_m, r_m) \end{bmatrix} \begin{bmatrix} a_1 \\ \vdots \\ a_m \end{bmatrix} = \begin{bmatrix} (y, r_1) \\ \vdots \\ (y, r_m) \end{bmatrix} \tag{7-52}$$

这里 $(g,h) = \int_a^b g(x)h(x)\mathrm{d}x$。当方程组（7–52）的系数矩阵非奇异时，有唯一解。

最简单的当然是用多项式逼近函数，即 $r_1(x) = 1, r_2(x) = x, r_3(x) = x^2, \cdots$。并且如果能使 $\int_a^b r_i(x) r_j(x) \mathrm{d}x = 0, \quad (i \neq j)$，方程组（7–52）的系数矩阵将是对角阵，计算大大简化，满足这种性质的多项式称为正交多项式。

勒让德（Legendre）多项式是在 [–1，1] 区间上的正交多项式，它的表达式为

$$P_0(x) = 1, P_k(x) = \frac{1}{2^k k!} \frac{\mathrm{d}^k}{\mathrm{d}x^k} (x^2 - 1)^k, k = 1, 2, \cdots \tag{7-53}$$

可以证明

$$\int_{-1}^{1} P_i(x) P_j(x) \mathrm{d}x = \begin{cases} 0, i \neq j \\ \dfrac{2}{2i+1}, i = j \end{cases} \tag{7-54}$$

$$P_{k+1}(x)=\frac{2k+1}{k+1}xP_k(x)-\frac{k}{k+1}P_{k-1}(x),k=1,2,\cdots \quad (7\text{-}55)$$

常用的正交多项式还有第一类切比雪夫（Chebyshev）多项式

$$T_n(x)=\cos(n\arccos x),x\in[-1,1],n=0,1,2,\cdots \quad (7\text{-}56)$$

和拉盖尔多项式

$$L_n(x)=\mathrm{e}^x\frac{\mathrm{d}^n}{\mathrm{d}x^n}\left(x^2\mathrm{e}^{-x}\right),x\in[0,+\infty],n=0,1,2,\cdots \quad (7\text{-}57)$$

例 求 $f(x)=\cos x,x\in\left[-\frac{\pi}{2},\frac{\pi}{2}\right]$ 在 $H=Span\left\{1,x^2,x^4\right\}$ 中的最佳平方逼近多项式。

解 编写程序如下：

```
syms X
base= [1，x^2，x^4];
y1= base. ‘* base
y2= cos(x)* base. ‘
rl= int(y1，- pi/2，pi/2)
r2= int(y2，- pi/2，pi/2)
a= r1\r2
xishu1= double(a)
digits(8)，xishu2= vpa(a)
```

求得 xishul=0.9996 -0. 4964 0. 0372，即所求的最佳平方逼近多项式为

$$y=0.9996-0.4964x^2+0.0372x^4$$

第四节 综合案例模型

本部分主要对快速静脉注射案例进行分析。

已知一室模型快速静脉注射下的血药浓度数据 (t=0 时注射 300 mg) 如表 7-4 所示。

表7-4　血药浓度数据

t/h	0.25	0.5	1	1.5	2	3	4	6	8
浓度 /（μg·mL^{-1}）	19.21	18.15	18.15	14.1	12.89	9.32	7.45	5.24	3.01

已知最小有效浓度（c_1= 10 μg/mL 和最大治疗浓度 c_2=25 μg/mL），求快速静脉注射下一室模型的血药浓度 $c(t)$ 的变化规律，并求每次注射量多大，间隔多长时间。

解　如图 7-3 所示，从半对数坐标下的图像可以看出，$c(t)=c_0\mathrm{e}^{-kt}$，其中 c，k 为待定系数。

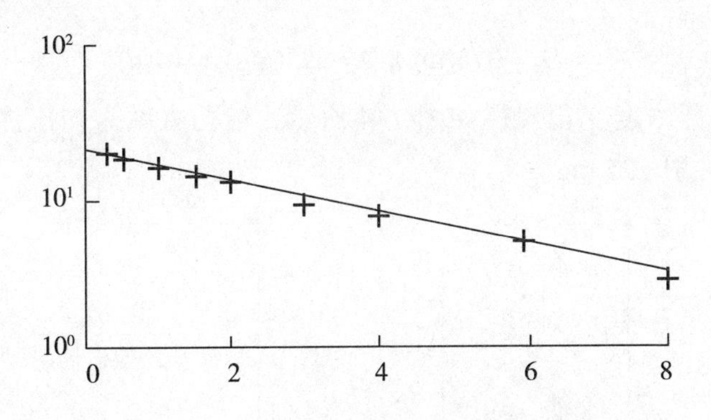

图 7-3　半对数坐标散点图和拟合曲线

模型假设：

（1）药物排除速率与血药浓度成正比，比例系数为 $k(k>0)$；

（2）血液容积为 v，t=0 时刻，瞬时注射剂量 d，血药浓度立即为 d/v。

由假设（1）得 $\dfrac{\mathrm{d}c}{\mathrm{d}t}=-kc$，

由假设（2）得 $c(0)=d/v$，于是 $c(t)=\dfrac{d}{v}\mathrm{e}^{-kt}$。

给药方案设计 $\{D_0,D,\tau\}$：

$$D_0=vc_2,\quad D=v\left(c_2-c_1\right), \tag{7-58}$$

$$\tau=\frac{1}{k}\ln\frac{c_2}{c_1}\leftarrow c_1=c_2\mathrm{e}^{-k\tau} \tag{7-59}$$

由 $c(t)=\frac{d}{v}\mathrm{e}^{-kt}\Rightarrow \ln c=\ln(d/v)-kt$ 。

记 $y=\ln c, a_1=-k, a_2=\ln(d/v)$ ，则 $y=a_1 t+a_2$ 。

MATLAB 命令如下：

```
t=[0.25  0.5  1  1.5  2  3  4  6  8]
c=[19.21  18.15  15.36  14.10  12.89  9.32  7.45  5.24  3.01]；
y= 1og(c)，p= polyfit(t，y，1)
>> p= - 0.2347  2.9943
```

$$\Rightarrow k=0.2347(1/\mathrm{h}), v=15.02(\mathrm{L}) \tag{7-60}$$

$$\Rightarrow D_0=375.5, D=225.3, \tau=3.9 \tag{7-61}$$

$$\Rightarrow D_0=375(\mathrm{mg}), D=225(\mathrm{mg}), \tau=4(\mathrm{h}) \tag{7-62}$$

则所求血药浓度变化规律如图 7–4 所示，给药方案为初次注射 375 mg，以后每隔 4 h 注射 225 mg。

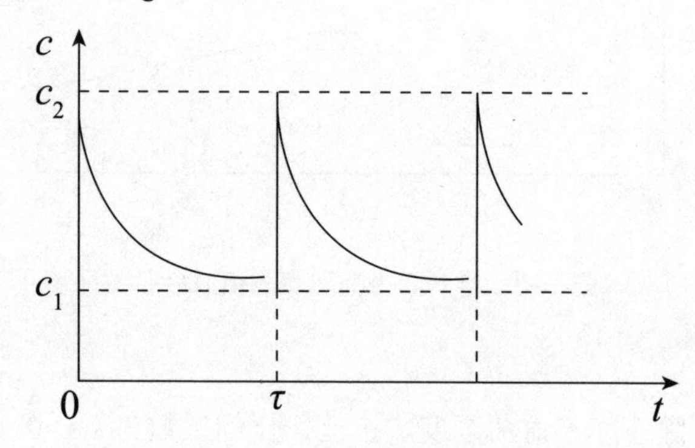

图 7–4　所求血药浓度变化规律

第八章　预测与决策分析方法

第一节　时间序列预测方法

时间序列分析是一种广泛应用的数据分析方法，它研究的是代表某一现象随时间变化而又相关联的动态数据，从而描述和探索该现象随时间发展变化的规律性。时间序列分析可以通过直观简便的数据图法、指标法、模型法等来分析，其中模型法应用更确切和适用，也比前两种方法复杂，能更本质地了解数据的内在结构和复杂特征，以达到控制与预测的目的。时间序列分析方法包括以下两类：

（1）确定性时序分析。它是暂时过滤掉随机性因素（如季节因素、趋势变动）进行确定性分析的方法，其基本思想是用一个确定的时间函数 $y = f(t)$ 来拟合时间序列，不同的变化采取不同的函数形式来描述，不同变化的叠加采用不同的函数叠加来描述。具体可分为趋势预测法（最小二乘法）、平滑预测法等。

（2）随机性时序分析。其基本思想是通过分析不同时刻变量的相关关系，揭示其相关结构，利用这种相关结构建立自回归、滑动平均、自回归滑动平均混合模型，来对时间序列进行预测。

一、确定性时间序列分析

在确定性时间序列分析中通过移动平均、指数平滑、最小二乘法等方法来体现出社会经济现象的长期趋势及带季节因子的长期趋势，预测未来的发展趋势。

（一）移动平均法

移动平均法是一种简单平滑预测技术，它的基本思想是，根据时间序列资料，逐项推移，依次计算包含一定项数的时序平均值，以反映长期趋势。因此，当时间序列的数值由于受周期变动和随机波动的影响，起伏较大，不易显示出事件的发展趋势时，使用移动平均法可以消除这些因素的影响，显示出事件的发展方向与趋势（即趋势线），然后依趋势线分析预测序列的长期趋势，其简单的计算公式为

（预测值 = 最后 N 个值的平均）。

其中，N 是与预测下一个时期相关的最近的时期数。采用移动平均法进行预测，用来求平均数的时期数 N 的选择非常重要，这也是移动平均的难点。当 N=1 时，移动平均预测值为原数据的序列值；当 N 取为全部数据的个数时，移动平均值等于全部数据的算术平均值。显然，N 值越小，表明对近期观测值预测的作用越重视，预测值对数据变化的反应速度也越快，但预测的修匀程度较低，估计值的精度也可能降低；反之，N 值越大，预测值的修匀程度越高，但对数据变化的反映程度较低。一般来说，不存在一个确定时期 N 值的规则，其值视序列长度和预测目标情况而定。

1. 一次移动平均法

一次移动平均法是指将观察期的数据由远而近按一定跨越期进行一次移动平均，以最后一个移动平均值为确定预测值的依据的一种预测方法。设 X_t 为 t 周期的实际值，一次移动平均值实际值为

$$M_t^{(1)}(N)=\left(X_t+X_{t-1}+\cdots+X_{t-N+1}\right)/N=\sum_{i=0}^{N-1}X_{t-i}/N \tag{8-1}$$

其中 N 为计算移动平均值所选定的数据个数，t+1 期的预测值取为

$$\hat{X}_{t+1}=M_t^{(1)} \tag{8-2}$$

一般地，利用式（8–2）可相应地求得以后各期的预测值。但误差的积累使得对越远时期的预测，误差越大，因此一次移动平均法一般只应用于一个时期后的预测。同时，计算移动平均必须具有 N 个过去观察值，当需要预测大量的数值时，就必须存储大量数据。

2. 二次移动平均法

当时间序列的变化呈线性趋势时，用一次移动平均法来预测就会出现滞后偏差，不能进行合理的趋势外推。例如，线性趋势方程为 $X_t=a+bt$，这里 a，b 是常数，当 t 增加一个单位时间时，X_t 的增量 $X_{t+1}-X_t=a+b(t+1)-a-bt=b$，因此，在 t+1 时刻，X_{t+1} 的值为 $a+b(t+1)$，其一次移动平均法的预测值为

$$\hat{X}_{t+1}=\frac{X_t+X_{t-1}+\cdots+X_{t-N+1}}{N}=a+bt-\frac{(N-1)b}{2} \tag{8-3}$$

故有

$$X_{t+1}-\hat{X}_{t+1}=a+bt+b-\left[a+bt-\frac{(N-1)b}{2}\right]=\frac{(N+1)b}{2} \tag{8-4}$$

根据以上的推导，运用一次移动平均法求得的移动平均值，新序列滞后

于原序列 $b(N+1)/2$。为了避免利用移动平均法预测有线性趋势的数据时产生滞后偏差，提出了线性二次移动平均法。这种方法的基础是计算二次移动平均，即在对实际值进行一次移动平均的基础上，再进行一次移动平均。

定义序列 $X_1, X_2, \cdots, X_t$ 的二次移动平均数为

$$M_t^{(2)} = \frac{M_t^{(1)} + M_{t-1}^{(1)} + \cdots + M_{t-N+1}^{(1)}}{N} \tag{8-5}$$

下面讨论在一次、二次移动平均值的基础上，利用滞后偏差的规律来建立线性趋势模型，然后利用线性趋势模型进行预测。设时间序列 $\{X_t\}$ 从某时期开始具有直线变化趋势，未来时期也按此直线趋势变化，则可设此直线趋势预测模型为

$$\hat{X}_{t+T} = a_t + b_t T \tag{8-6}$$

式中：t 为当前的时期数；T 为未来预测的时期数，$T=1,2,\cdots$；a_t 为截距；b_t 为斜率，两者又称为平滑系数。

运用移动平均值来确定平滑系数，计算公式如下：

$$\begin{aligned} a_t &= M_t^{(1)} + \left(M_t^{(1)} - M_t^{(2)}\right) = 2M_t^{(1)} - M_t^{(2)} \\ b_t &= 2\left(M_t^{(1)} - M_t^{(2)}\right)/(N-1) \end{aligned} \tag{8-7}$$

将式（8-7）代入到式（8-6）中去，便可求出 $\hat{X}_{t+T}$，从而可以利用 $\hat{X}_{t+T}$ 进行预测。

二次移动平均预测法解决了预测值滞后于实际观察值的矛盾，适用于时间序列呈线性趋势变化且有明显趋势变动的时间序列的预测，同时它还保留了一次移动平均法的优点。

（二）指数平滑法

移动平均法计算简单易行，但是每计算一次移动平均值，需要存储最近 N 个观察数，存储开销大。同时，对最近的 N 个观察值等同看待，完全忽略了 $t-N$ 期以前的数据。在实际经济活动中，最新的观察值往往包含着更多的关于未来情况的信息。所以，更为切合实际的方法是对各期观察值按照时间顺序赋予不同的权重。指数平滑法正是适应这种要求，通过某种平均方式，消除历史统计序列中的随机波动，找出其中的主要发展趋势。指数平滑法适合用于进行简单的时间序列分析和中、短期预测。

1. 一次指数平滑法

设时间序列为$X_0,X_1,\cdots,X_n,S_1^{(1)},S_2^{(1)},\cdots,S_n^{(1)}$为时间$t$的观察值的指数平滑值。一次指数平滑值可以通过公式

$$S_t^{(1)}=\alpha X_t+\alpha(1-\alpha)X_{t-1}+\alpha(1-\alpha)^2X_{t-2}+\cdots \tag{8-8}$$

计算，式中α为平滑系数，也称为加权系数，$0<\alpha<1$。

由此可见，$S_t^{(1)}$实际上是$X_t,X_{t-1},X_{t-2},\cdots$加权平均。加权系数分别为$\alpha,\alpha(1-\alpha)$，$\alpha(1-\alpha)^2,\cdots$。按照几何级数衰减，越近的数据，权系数越大，越远的数据，权系数越小。因为权系数符合指数规律，指数平滑法也由此而得名。

由式（8–8）得

$$S_t^{(1)}=\alpha X_t+(1-\alpha)\left[\alpha X_{t-1}+\alpha(1-\alpha)X_{t-2}+\cdots\right]=\alpha X_t+(1-\alpha)S_{t-1}^{(1)} \tag{8-9}$$

式（8–8）可改写为

$$S_t^{(1)}=S_{t-1}^{(1)}+\alpha\left(X_t-S_{t-1}^{(1)}\right) \tag{8-10}$$

预测公式

$$\hat{X}_{t+1}=S_t^{(1)} \tag{8-11}$$

或

$$\hat{X}_{t+1}=\hat{X}_t+\alpha\left(X_t-\hat{X}_t\right) \tag{8-12}$$

下面我们将移动平均值$\left\{S_t^{(1)}\right\}$和指数平滑值$\left\{M_t^{(1)}\right\}$进行比较。

$$M_t^{(1)}=\frac{1}{N}\left(X_t+X_{t-1}+\cdots+X_{t-N+1}\right)=\frac{X_t-X_{t-N}}{N}+M_{t-1}^{(1)} \tag{8-13}$$

假定样本序列具有水平趋势，用$M_{t-1}^{(1)}$来代替X_{t-N}，则有

$$M_t^{(1)}\approx\frac{1}{N}X_t-\frac{1}{N}M_{t-1}^{(1)}+M_{t-1}^{(1)}=\frac{1}{N}X_t+\left(1-\frac{1}{N}\right)M_{t-1}^{(1)} \tag{8-14}$$

将$1/N$用α替换，式（8–14）即为式（8–9）的形式，由式（8–9）易得

$$S_t^{(1)}=\alpha X_t+\alpha(1-\alpha)X_{t-1}+\cdots+\alpha(1-\alpha)^{t-1}X_1+(1-\alpha)^tS_0^{(1)} \tag{8-15}$$

其中$S_0^{(1)}$为指数平滑的初始值。从式（8–12）可以看到，指数平滑无需存储过去N期的历史数据，在计算新的预测值时，只需最近期观察值X_t、最近期的预测值义和权系数$\hat{X}_t$，计算量大大减小。

在进行指数平滑时，加权系数 α 的选择很重要。式（8–12）可以为指数平滑法提供进一步的解释：

$$\hat{X}_{t+1} = \hat{X}_t + \alpha\left(X_t - \hat{X}_t\right) \tag{8-16}$$

由上式可以看出，新预测值 $\hat{X}_{t+1}$ 是在原预测值的基础上根据预测误差进行修正而得到的。α 的大小体现了修正的幅度。α 越大，修正的幅度越大；相反，当 α 趋近于 0 时，调整就很小。

2. 二次指数平滑法

二次指数平滑虽然克服了移动平均的缺点，但当时间序列呈直线变动趋势时，仍然存在明显的滞后偏差，因此有必要对其进行修正，修正的方法与二次移动平均法类似，即在一次指数平滑的基础上再进行一次平滑，也就是二次指数平滑，其计算公式为

$$S_t^{(2)} = \alpha S_t^{(1)} + (1-\alpha)S_{t-1}^{(2)} \tag{8-17}$$

其中 $S_t^{(1)} = \alpha X_t + (1-\alpha)S_{t-1}^{(1)}$。

当时间序列从某时期开始具有直线趋势时，可以用如下的线性趋势模型

$$\hat{X}_{t+T} = a_t + b_t T \tag{8-18}$$

其中

$$\begin{aligned} a_t &= S_t^{(1)} + \left(S_t^{(1)} - S_t^{(2)}\right) = 2S_t^{(1)} - S_t^{(2)} \\ b_t &= \frac{\alpha}{1-\alpha}\left(S_t^{(1)} - S_t^{(2)}\right) \end{aligned} \tag{8-19}$$

此时 $S_0^{(1)}$ 不能再由递推公式得到。对二次指数平滑法而言，由于同样的原因，需要确定其两个初始值 $S_0^{(1)}$ 和 $S_0^{(2)}$。实际工作中，计算时间序列的指数平滑值，初始值的设置仅有最初的一次，而且，通常总会有或多或少的历史数据可以使我们从中确定一个合适的初始值。如果数据序列较长，或者平滑系数选择得比较大，则经过数期平滑之后，初始值 $S_0^{(1)}$ 对 $S_t^{(1)}$ 的影响就很小了。故可以在最初预测时，选择较大的 α 值来减小可能由于初始值选取不当所造成的预测偏差，使模型迅速地调整到当前水平。

假定有一定数目的历史数据，常用的确定初始值的方法是将已知数据分成两部分，用第一部分来估计初始值，用第二部分来进行平滑，求各平滑参数。实际上，当数据个数 $n>15$ 时，取 $S_0^{(1)} = S_0^{(2)} = X_0$；当 $n<15$ 时，取最初几个数据的平均值作为初始值。一般取前 3 ～ 5 个数据的算术平均值。

亦可用最小二乘法或其他方法对前几个数据进行拟合，估计出 a_0,b_0，再根据 a_0 和 b_0 的关系式计算初始值。以二次指数平滑法参数的估计公式为例，由式（8–19）可解得

$$S_t^{(1)}=a_t-\frac{(1-\alpha)}{\alpha}b_t,\quad S_t^{(2)}=a_t-\frac{2(1-\alpha)}{\alpha}b_t \tag{8–20}$$

代入 $t=0$，得

$$S_0^{(1)}=a_0-\frac{(1-\alpha)}{\alpha}b_0,\quad S_0^{(2)}=a_0-\frac{2(1-\alpha)}{\alpha}b_0 \tag{8–21}$$

用最小二乘法估计 a_0,b_0，代入上式就可得到二次指数平滑法的初始值。

如果没有足够的资料可供利用，可采用下述方法：对一次指数平滑法，$S_0^{(1)}=X_0$；对二次指数平滑法有

$$S_0^{(2)}=S_0^{(1)}=X_0,a_0=X_0,b_0=\left[\left(X_1-X_0\right)+\left(X_3-X_2\right)\right]/2 \tag{8–22}$$

二、随机性时间序列分析

随机性时间序列分析分为平稳时间序列分析和非平稳时间序列分析。

（一）平稳时间序列分析

平稳随机过程其统计特性（均值、方差）不随时间的变化而变化，在实际中，若前后的环境和主要条件都不随时间变化，就可以认为是平稳过程，具有平稳特性的时序称为平稳时序。

平稳时序分析主要通过建立自回归模型、滑动平均模型和自回归滑动平均模型分析平稳的时间序列的规律，下面简要介绍这些模型。

1. 自回归 AR(p) 模型

如果时间序列 $X_t(t=1,2,\cdots)$ 是平稳的，数据之间前后有一定的依存关系，即 X_t 与前面 $X_{t-1},X_{t-2},\cdots,X_{t-p}$ 有关，与其以前时刻进入系统的扰动（白噪声）无关，具有 p 阶的记忆，描述这种关系的数学模型就是 p 阶自回归模型，即

$$X_t=\varphi_1X_{t-1}+\varphi_2X_{t-2}+\cdots+\varphi_pX_{t-p}+a_t \tag{8–23}$$

式中：$\varphi_1,\varphi_2,\cdots,\varphi_p$ 为自回归系数，或称为权系数；a_t 为白噪声序列，对 X_t 产生响应。它本身就是前后不相关的序列，类似于相关回归分析中的随机误差干扰项，其均值为零，方差为 σ_a^2。

上面模型中若引入后移算子 B，则式（8–23）可改为

$$\left(1-B\varphi_1-B^2\varphi_2-\cdots-B^p\varphi_p\right)X_t=a_t \tag{8–24}$$

记 $\varphi(B)=\left(1-\varphi_1 B-\varphi_2 B^2-\cdots-\varphi_p B^p\right)$，则式（8–24）可写成

$$\varphi(B)X_t=a_t \tag{8–25}$$

称 $\varphi(B)=0$ 为 $\mathrm{AR}(p)$ 模型的特征方程。它的 p 个根 $\lambda_i(i=1,2,\cdots,p)$ 称为 $\mathrm{AR}(p)$ 模型的特征根。如果 p 个特征根全在单位圆外，即

$$\left|\lambda_i\right|>1,\quad i=1,2,\cdots,p \tag{8–26}$$

则称 $\mathrm{AR}(p)$ 模型为平稳的或者稳定的，式（8–26）称为平稳条件。由于是关于后移算子 B 的多项式，因此 $\mathrm{AR}(p)$ 模型是否平稳取决于参数 $\varphi_1,\varphi_2,\cdots,\varphi_p$。

2. 滑动平均 $\mathrm{MA}(q)$ 模型

如果时间序列 $X_t(t=1,2,\cdots)$ 是平稳的，与前面 $X_{t-1},X_{t-2},\cdots,X_{t-p}$ 无关，而与其以前时刻进入系统的扰动（白噪声）有关，具有 q 阶的记忆，描述这种关系的数学模型就是 q 阶滑动平均模型：

$$X_t=a_t-\theta_1 a_{t-1}+\theta_2 a_{t-2}+\cdots+\theta_q a_{t-q} \tag{8–27}$$

上式中若引入后移算子 B，则可改为

$$X_t=\left(1-\theta_1 B-\theta_2 B^2-\cdots-\theta_q B^q\right)a_t \tag{8–28}$$

3. 自回归滑动平均 $\mathrm{ARMA}(p,q)$ 模型

如果时间序列 $X_t(t=1,2,\cdots)$ 是平稳的，与前面 $X_{t-1},X_{t-2},\cdots,X_{t-p}$ 有关，且与其以前时刻进入系统的扰动（白噪声）也有关，则此系统为自回归滑动平均系统，预测模型为

$$X_t-\varphi_1 X_{t-1}+\varphi_2 X_{t-2}+\cdots+\varphi_p X_{t-p}=a_t-\theta_1 a_{t-1}+\theta_2 a_{t-2}+\cdots+\theta_q a_{t-q} \tag{8–29}$$

即

$$\left(1-B\varphi_1-B^2\varphi_2-\cdots-B^p\varphi_p\right)X_t=\left(1-\theta_1 B-\theta_2 B^2-\cdots-\theta_q B^q\right)a_t \tag{8–30}$$

（二）非平稳时间序列分析

在实际的社会经济现象中我们收集到的时序大多数呈现出明显的趋势性或周期性，这样我们就不能认为它是均值不变的平稳过程，要用模型来预测应

把趋势和波动综合考虑进来，考虑它们的叠加。用模型来描述

$$X_t = \mu_t + Y_t \quad (8\text{-}31)$$

式中：μ_t 为 X_t 中随时间变化的均值（往往是趋势值）；Y_t 为 X_t 中剔除 μ_t 后的剩余部分，表示零均值平稳过程，然后就可用自回归模型、滑动平均模型或自回归滑动平均模型来拟合。

要解模型 $X_t = \mu_t + Y_t$，分以下两步：

（1）具体求出 μ_t 的拟合形式，可以用上面介绍的确定性时序分析方法建模，求出 μ_t，得到拟合值，记为 $\hat{\mu}_t$；

（2）对残差序列 $\{X_t - \hat{\mu}_t\}$ 进行分析处理，使之成为均值为 0 的随机平稳过程，再用平稳随机时序分析方法建模求出 Y_t，通过反运算，最后可得 $X_t = \mu_t + Y_t$ 。

第二节　灰色预测方法

灰色预测方法是通过鉴别系统因素之间发展趋势的相似或相异程度，即进行关联度分析，并通过对原始数据的生成处理来寻求系统变动的规律。生成数据序列有较强的规律性，可以用它来建立相应的微分方程模型，从而预测事物未来的发展趋势和未来状态。灰色预测模型只要求有较短的观测资料即可，因此，对于某些只有少量观测数据的项目来说，灰色预测是一种有用的工具。

一、基本概念

（一）灰数

灰色系统理论中的一个重要概念是灰数，灰数是指信息不完全的数，即只知道大概范围而不知道其确切的数。灰数不是一个数，而是区间数的一种推广。灰色系统用灰数、灰色方程、灰色矩阵等来描述，其中灰数是灰色系统的基本“单元”或“细胞”，一般将灰数表示为“⊗”。例如，“那人的身高约为 170 cm，体重大致为 60 kg”，这里的 170、60 都是灰数，分别记为⊗170、⊗ 60。又如，“那女孩身高在 157 ～ 160 cm”，则关于身高的灰数记为⊗ (h) ∈ [157，160]。

记$\tilde{\otimes}$为灰数$\otimes$的白化默认数，简称白化数，则灰数$\otimes$为白化数区的全体。灰数有离散灰数（$\tilde{\otimes}$属于离散集）和连续灰数（$\tilde{\otimes}$属于某一区间）。

（二）灰色系统基本概念

若一个系统的内部信息是完全明确的，即系统的信息是充足完全的，称为白色系统；若一个系统的内部信息是完全未知的，这种系统便是黑色系统。灰色系统介于二者之间，部分信息明确、部分信息不明确的系统称为灰色系统。

（三）灰色生成数列

为了研究数据的规律，需要对原始数据列中的数据进行处理而产生新的数据列，常用的数据生成方法有累加生成（AGO）序列与累减生成（IAGO）序列。

（1）累加生成序列：把序列各时刻数据依次累加得到的新序列，记为AGO。

记原始序列为

$$X^{(0)}=\left\{x^{(0)}(1),x^{(0)}(2),\cdots,x^{(0)}(n)\right\} \tag{8-32}$$

称生成序列

$$X^{(1)}=\left\{x^{(1)}(1),x^{(1)}(2),\cdots,x^{(1)}(n)\right\} \tag{8-33}$$

为原始序列的一次累加生成，其中

$$x^{(1)}(k)=\sum^{k}x^{(0)}(i)=x^{(1)}(k-1)+x^{(0)}(k),\quad k=1,2,\cdots,n \tag{8-34}$$

类似地有

$$x^{(r)}(k)=\sum_{i=1}^{k}x^{(r-1)}(i)\quad (k=1,2,\cdots,n,r\geqslant 1) \tag{8-35}$$

称为$X^{(0)}$的r次累加生成。记$X^{(r)}=\left\{x^{(r)}(1),x^{(r)}(2),\cdots,x^{(r)}(n)\right\}$，称为$X^{(0)}$的$r$次累加生成序列。

（2）累减生成序列：将原始数据序列依次做前后相邻的两个数据相减得到的新的序列，记为IAGO，它是累加生成的逆运算。

记原始序列为$X^{(1)}=\left\{x^{(1)}(1),x^{(1)}(2),\cdots,x^{(1)}(n)\right\}$，对$X^{(1)}$做一次累减生成序列，

则得生成序列

$$X^{(0)}=\left\{x^{(0)}(1),x^{(0)}(2),\cdots,x^{(0)}(n)\right\} \tag{8-36}$$

其中，$x^{(0)}(k)=x^{(1)}(k)-x^{(1)}(k-1)$，规定 $x^{(1)}(0)=0$。

对于 r 次累加生成序列 $X^{(r)}=\left\{x^{(r)}(1),x^{(r)}(2),\cdots,x^{(r)}(n)\right\}$，称

$$x^{(r-1)}(k)=x^{(r)}(k)-x^{(r)}(k-1),\quad k=2,3,\cdots,n \tag{8-37}$$

为 $X^{(r)}$ 的 r 次累减生成序列。

（四）灰色关联分析

实际中，经常需要对系统相关的因素进行分析，即分析相关因素哪些是主要的，哪些是次要的，哪些因素之间关系密切，哪些不密切。灰色关联分析是以各因素的样本数据为依据，用灰色关联度来描述因素间关系的强弱、大小和次序。通过灰色关联分析可以定量地表征诸因素之间的关联程度，从而揭示灰色系统的主要特性。灰色关联分析是灰色系统分析和预测的基础，而计算关联度设计是灰色关联分析的核心。

1. 关联系数

设参考序列为

$$X^{(0)}=\left\{x^{(0)}(1),x^{(0)}(2),\cdots,x^{(0)}(n)\right\} \tag{8-38}$$

比较序列为

$$X^{(i)}=\left\{x^{(i)}(1),x^{(i)}(2),\cdots,x^{(i)}(n)\right\} \tag{8-39}$$

定义

$$\eta_i(k)=\frac{\min_j\min_l\left|x^{(0)}(l)-x^{(j)}(l)\right|+P\max_j\max_l\left|x^{(0)}(l)-x^{(j)}(l)\right|}{\left|x^{(0)}(k)-x^{(i)}(k)\right|+P\max_j\max_l\left|x^{(0)}(l)-x^{(j)}(l)\right|} \tag{8-40}$$

为比较序列对参考序列在第 k 指标上的关联系数。其中，$P\in[1,2]$ 称为分辨率系数，一般来说，分辨系数 P 越大，分辨率越大，P 越小，分辨率越小，通常情况下取 $P=0.5$。$\left|x^{(0)}(k)-x^{(i)}(k)\right|$ 为 $X^{(0)}$ 与 $X^{(i)}$ 在第 k 点的绝对差，$\min\limits_j\min\limits_l\left|x^{(0)}(l)-x^{(j)}(l)\right|$ 和 $\max_j\max_l\left|x^{(0)}(l)-x^{(j)}(l)\right|$ 分别为两级最小差及两级最大差。由于系统中各因素列中的数据可能因量纲不同难以得到正确的结论，因此在进行灰色关联度分析时，一般都要进行数据的无量纲化处理。通常的做法是将该序列的所有数据分别除以第一个数据，将变量化为无单位的相对数值。

2. 关联度

关联系数仅仅表示了比较序列与参考序列在各个时刻的关联程度值，为了从总体上了解序列之间的关联程度，有必要求出各个时刻的关联系数的平均值，即关联度，以此作为比较序列与参考序列间关联程度的数量表示。关联度计算公式如下：

$$r_i = \frac{1}{n}\sum_{k=1}^{n}\eta_i(k) \tag{8-41}$$

二、灰色预测模型

（一）GM(1，1) 模型

1.GM(1，1) 模型的定义

令 X^0 为 GM(1，1) 建模非负序列，则

$$X^{(0)} = \left\{x^{(0)}(1), x^{(0)}(2), \cdots, x^{(0)}(n)\right\} \tag{8-42}$$

其中 $x^{(0)}(k) \geqslant 0, k = 1,2,\cdots,n, X^{(1)}$ 为 X^0 的 1- AGO 序列，即

$$X^{(1)} = \left\{x^{(1)}(1), x^{(1)}(2), \cdots, x^{(1)}(n)\right\} \tag{8-43}$$

其中

$$x^{(1)}(k) = \sum_{i=1}^{k} x^{(0)}(i), \quad k = 1,2,\cdots,n \tag{8-44}$$

称序列

$$Z^{(1)} = \left\{z^{(1)}(2), z^{(1)}(3), \cdots, z^{(1)}(n)\right\} \tag{8-45}$$

为 $X^{(1)}$ 的紧邻均值生成序列，其中

$$z^{(1)}(k) = 0.5x^{(1)}(k) + 0.5x^{(1)}(k-1) \tag{8-46}$$

定义 GM(1，1) 灰色微分方程模型为

$$x^{(0)}(k) + az^{(1)}(k) = b \tag{8-47}$$

式中：a 为反映 $\hat{X}^{(1)}$ 和 $\hat{X}^{(0)}$ 的发展势态的发展系数；b 为灰色作用量。设 $\hat{\boldsymbol{\alpha}} = (a,b)^{\mathrm{T}}$ 为待估参数向量，则灰色微分方程（8–47）的最小二乘估计参数列满足

$$\hat{\boldsymbol{\alpha}} = \left(\boldsymbol{B}^{\mathrm{T}}\boldsymbol{B}\right)^{-1}\boldsymbol{B}^{\mathrm{T}}\boldsymbol{Y}_n \tag{8-48}$$

其中

$$\boldsymbol{B}=\begin{bmatrix}-z^{(1)}(2) & 1\\ -z^{(1)}(3) & 1\\ \vdots & \vdots\\ -z^{(1)}(n) & 1\end{bmatrix},\quad \boldsymbol{Y}_n=\begin{bmatrix}x^{(0)}(2)\\ x^{(0)}(3)\\ \vdots\\ x^{(0)}(n)\end{bmatrix} \tag{8-49}$$

GM(1，1) 灰色微分方程（8–47）的时间响应序列为

$$\hat{x}^{(1)}(k+1)=\left[x^{(1)}(0)-\frac{b}{a}\right]e^{-ak}+\frac{b}{a},\quad k=1,2,\cdots,n-1 \tag{8-50}$$

如果取 $x^{(1)}(0)=x^{(0)}(1)$，则

$$\hat{x}^{(1)}(k+1)=\left[x^{(0)}(1)-\frac{b}{a}\right]e^{-ak}+\frac{b}{a},\quad k=1,2,\cdots,n-1 \tag{8-51}$$

从而可得预测值

$$\hat{x}^{(0)}(k+1)=\hat{x}^{(1)}(k+1)-\hat{x}^{(1)}(k) \tag{8-52}$$

2.GM(1，1) 模型的白化型

对于 GM(1，1) 灰色微分方程（8–47），如果将 $x^{(0)}(k)(k=1,2,\cdots,n)$ 视为连续的变量 t，称

$$\frac{\mathrm{d}x^{(1)}}{\mathrm{d}t}+ax^{(1)}=b \tag{8-53}$$

为灰色微分方程 $x^{(0)}(k)+az^{(1)}(k)=b$ 对应的白化微分方程，其解为

$$\hat{x}^{(1)}(t)=\left(x^{(1)}(0)-\frac{b}{a}\right)e^{-at}+\frac{b}{a} \tag{8-54}$$

（二）残差 GM(1，1) 模型

当由原始数据序列 $X^{(0)}$ 建立的 GM(1，1) 模型的精度不符合要求时，可以利用残差序列建立相应的残差 GM(1，1) 模型，以此来修正原来的模型，提高预测精度。

设原始序列为 $X^{(0)}$,$X^{(1)}$ 为 $X^{(0)}$ 的 1– AGO 序列，GM(1，1) 模型的时间响应为

$$\hat{x}^{(1)}(i+1)=\left[x^{(0)}(1)-\frac{b}{a}\right]e^{-ai}+\frac{b}{a} \tag{8-55}$$

从而得到生成序列 $X^{(1)}$ 的预测值。设残差序列 $e^{(0)}$ 及其 1-AGO 序列 $e^{(1)}$ 分别为

$$e^{(0)}=\left\{e^{(0)}(1),e^{(0)}(2),\cdots,e^{(0)}(n)\right\} \tag{8-56}$$

$$e^{(1)}=\left\{e^{(1)}(1),e^{(1)}(2),\cdots,e^{(1)}(n)\right\} \tag{8-57}$$

其中 $e^{(0)}(j)=x^{(1)}(j)-\hat{x}^{(1)}(j)$， $j=1,2,\cdots,n$， $e^{(1)}(k)=\sum_{i=1}^{k}e^{(0)}(i)=e^{(1)}(k-1)+e^{(0)}(k)$。由此得残差序列 $e^{(1)}$ 的 GM(1，1) 的时间响应为

$$\hat{e}^{(1)}(i+1)=\left[e^{(0)}(1)-\frac{b_e}{a_e}\right]\mathrm{e}^{-a_e k}+\frac{b_e}{a_e} \tag{8-58}$$

则残差序列 $e^{(0)}$ 的拟合序列为

$$\hat{e}^{(0)}=\left\{\hat{e}^{(0)}(1),\hat{e}^{(0)}(2),\cdots,\hat{e}^{(0)}(n)\right\} \tag{8-59}$$

其中

$$\hat{e}^{(0)}(i+1)=-a_e\left[e^{(0)}(1)-\frac{b_e}{a_e}\right]\mathrm{e}^{-a_e k}-\frac{b_e}{a_e} \tag{8-60}$$

利用 $\hat{e}^{(0)}$ 修正 $\hat{X}^{(1)}$，则称修正后的时间响应

$$x^{(1)}(k+1)=\left[x^{(0)}(1)-\frac{b}{a}\right]e^{-ak}+\frac{b}{a}+\delta(k-i)\left(-a_e\right)\left[e^{(0)}(1)-\frac{b_e}{a_e}\right]e^{-a_e k} \tag{8-61}$$

为残差修正 GM(1，1) 模型，简称为残差 GM(1，1)，其中 $\delta(k-i)=\begin{cases}1, & k\geqslant i\\ 0, & k\leqslant i\end{cases}$ 为修正参数。

（三）GM（1，N）模型

1.GM（1，N）模型定义

GM(1，1) 仅仅考虑了一个变量的灰色模型，如果系统由 N 个相互影响的因素组成，即原始序列为

$$X_i^{(0)}=\left\{x_i^{(0)}(1),x_i^{(0)}(2),\cdots,x_i^{(0)}(n)\right\},\quad i=1,2,\cdots,N \tag{8-62}$$

记 $X_i^{(1)}$ 为 $X_i^{(0)}$ 的 1- AGO 序列， $Z_1^{(1)}$ 为 $X_1^{(1)}$ 的紧邻均值生成序列，即

$$X_i^{(1)}=\left\{x_i^{(1)}(1),x_i^{(1)}(2),\cdots,x_i^{(1)}(n)\right\},\quad i=1,2,\cdots,N \tag{8-63}$$

$$Z_1^{(1)}=\left\{z_1^{(1)}(2),z_1^{(1)}(3),\cdots,z_1^{(1)}(n)\right\} \tag{8-64}$$

其中 $x_i^{(1)}(k)=\sum^{n} x_i^{(0)}(i)(i=1,2,\cdots,N)$，$z_1^{(1)}(k)=0.5x_1^{(1)}(k)+0.5x_1^{(1)}(k-1)$，则称

$$x_1^{(0)}(k)+az_1^{(1)}(k)=\sum_{i=2}^{N} b_i x_i^{(1)}(k) \tag{8-65}$$

为 GM(1，N) 灰色微分方程。

定义 $\hat{\boldsymbol{\alpha}}=\left[a \quad b_2 \quad \cdots \quad b_N\right]^{\mathrm{T}}$ 为 GM(1，N) 灰色微分方程的参数向量，根据最小二乘法可以得到参数列 $\hat{\boldsymbol{\alpha}}$ 满足

$$\hat{\boldsymbol{\alpha}}=\left(\boldsymbol{B}^{\mathrm{T}}\boldsymbol{B}\right)^{-1}\boldsymbol{B}^{\mathrm{T}}\boldsymbol{Y} \tag{8-66}$$

其中

$$\boldsymbol{B}=\begin{bmatrix} -z_1^{(1)}(2) & x_2^{(1)}(2) & \cdots & x_N^{(1)}(2) \\ -z_1^{(1)}(3) & x_2^{(1)}(3) & \cdots & x_N^{(1)}(3) \\ \vdots & \vdots & & \vdots \\ -z_1^{(1)}(n) & x_2^{(1)}(n) & \cdots & x_N^{(1)}(n) \end{bmatrix},\quad \boldsymbol{Y}=\left[x_1^{(0)}(2) \quad x_1^{(0)}(3) \quad \cdots \quad x_1^{(0)}(n)\right]^{\mathrm{T}} \tag{8-67}$$

当 $X_i^{(1)}(i=1,2,\cdots,N)$ 变化幅度很小时，$\sum_{i=2}^{N} b_i x_i^{(1)}(k)$ 可视为灰色常量，这样，GM（1，N）灰色微分方程（8–65）的近似时间响应式为

$$\hat{x}_1^{(1)}(k+1)=\left[x_1^{(1)}(0)-\frac{1}{a}\sum_{i=2}^{N} b_i x_i^{(1)}(k+1)\right]\mathrm{e}^{-ak}+\frac{1}{a}\sum_{i=2}^{N} b_i x_i^{(1)}(k+1) \tag{8-68}$$

其中 $x_1^{(1)}(0)$ 取为 $x_1^{(0)}(1)$。累减还原式为

$$\hat{x}_1^{(0)}(k+1)=\hat{x}_1^{(1)}(k+1)-\hat{x}_1^{(1)}(k) \tag{8-69}$$

2.GM（1，N）模型的白化型

对于模型 GM（1，N）的灰色微分方程（8–65），如果将 $x_i^{(1)}(k)$ 的时刻 $k=1,2,\cdots,N$ 视为连续变量 t，则数列 $x_i^{(1)}(k)$ 可以视为时间 t 的函数，记为 $x_i^{(1)}=x_i^{(1)}(t)$，则称

$$\frac{\mathrm{d}x_1^{(1)}}{\mathrm{d}t}+ax_1^{(1)}=b_2x_2^{(1)}+b_3x_3^{(1)}+\cdots+b_Nx_N^{(1)} \tag{8-70}$$

为 GM（1，N）灰色微分方程（8–65）的白化微分方程，其时间响应式为

$$x_1^{(1)}(t)=e^{-at}\left[\sum_{i=2}^{N}\int b_i x_i^{(1)}(t)e^{at}\mathrm{d}t+x_1^{(1)}(0)-\sum_{i=2}^{N}\int b_i x_i^{(1)}(0)\mathrm{d}t\right]$$

$$= e^{-at}\left[x_1^{(1)}(0) - t\sum_{t=2}^{N} b_i x_i^{(1)}(0) + \sum_{i=2}^{N}\int b_i x_i^{(1)}(t)e^{at}\mathrm{d}t\right] \tag{8-71}$$

三、灰色预测

基于灰色建模理论的预测法，按照其预测问题的特征，可分为数列预测、区间预测、灾变预测、季节灾变预测、拓扑预测和系统综合预测。这里只对数列预测作简单介绍。

数列预测就是对某一指标的发展变化情况所作的预测，其预测的结果是该指标在未来各个时刻的具体数值。GM(1，1) 是较为常用的数列预测模型，下面介绍利用 GM(1，1) 预测的主要步骤。

（一）数据的检验与处理

为了保证建模方法的可行性，需要对原始数据序列进行必要的检验处理。设原始数据序列为

$$X^{(0)} = \left\{x^{(0)}(1), x^{(0)}(2), \cdots, x^{(0)}(n)\right\} \tag{8-72}$$

计算数列的级比

$$\lambda(k) = \frac{x^{(0)}(k-1)}{x^{(0)}(k)}, \quad k = 2,3,\cdots,n \tag{8-73}$$

如果所有的级比 $\lambda(k)$ 都落在区间 $\left(e^{-\frac{2}{n+1}}, e^{\frac{2}{n+1}}\right)$ 内，则数列 $X^{(0)}$ 可以作为用于模型 GM(1，1) 和进行数列的灰色预测；否则，需要对数据序列进行必要的变化，如平移变换处理，使得其落入可容许区间内。

（二）建立 GM(1，1) 微分模型

按照前面介绍的方法建立 GM(1，1) 模型，并进一步得到预测值由此得到

$$\hat{x}^{(0)}(k+1) = \hat{x}^{(1)}(k+1) - \hat{x}^{(1)}(k), k = 1,2,\cdots,n-1 \tag{8-74}$$

$$\hat{x}^{(1)}(k+1) = \left[x^{(0)}(1) - \frac{b}{a}\right]e^{-ak} + \frac{b}{a}, \quad k = 1,2,\cdots,n-1 \tag{8-75}$$

（三）GM(1，1) 模型精度检验

模型选好后，一定经过检验才能判断其是否合理，只有通过检验的模型

才能用于预测。GM(1，1) 模型的检验一般有相对残差检验法、后验差检验法和关联度检验法三种方法。

1. 相对残差检验

根据 GM(1, 1) 建模法已经求出 $\hat{x}^{(1)}(i+1)$，然后将 $\hat{x}^{(1)}(i+1)$ 累减生成元 $\hat{x}^{(0)}(i)$，最后计算原始序列 $x^{(0)}(i)$ 与 $\hat{x}^{(0)}(i)$ 的绝对残差序列 $\Delta^{(0)}=\left\{\Delta^{(0)}(i), i=1,2,\cdots,n\right\}$，$\Delta^{(0)}(i)=\left|x^{(0)}(i)-\hat{x}^{(0)}(i)\right|$ 及相对残差序列 $\phi=\left\{\phi_i, i=1,2,\cdots,n\right\}, \phi_i=\left[\frac{\Delta^{(0)}(i)}{x^{(0)}(i)}\right]\%$，并计算平均相对残差 $\bar{\phi}=\frac{1}{n}\sum_{i=1}^{n}\phi_i$。

给定 α，当 $\bar{\phi}<\alpha$，且 $\phi_n<\alpha$ 成立时，称模型为残差合格模型。

2. 后验差检验

设根据 GM(1，1) 建模法已经求出 $\hat{X}^{(0)}$ 以及残差序列 $\Delta^{(0)}$，原始序列 $X^{(0)}$ 和残差序列 $\Delta^{(0)}$ 的均方差分别设为 S_1 和 S_2，则

$$S_1=\sqrt{\frac{\sum_{i=1}^{n}\left[x^{(0)}(i)-\hat{x}^{(0)}\right]^2}{n-1}},\quad S_2=\sqrt{\frac{\sum_{i=0}^{n}\left[\Delta^{(0)}(k)-\bar{\Delta}\right]^2}{n-1}} \tag{8-76}$$

其中，$\hat{x}^{(0)}=\frac{1}{n}\sum_{i=1}^{n}x^{(0)}(i), \bar{\Delta}=\frac{1}{n}\sum_{i=1}^{n}\Delta^{(0)}(i)$，然后计算方差比 C 和小残差概率 P。其中

$$C=\frac{S_1}{S_2},\quad P=P\left\{\left|\Delta^{(0)}(i)-\bar{\Delta}\right|<0.6745S_1\right\} \tag{8-77}$$

令 $S_0=0.6745S_1$，$e_i=\left|\Delta^{(0)}(i)-\bar{\Delta}\right|$，即 $P=P\left\{e_i<S_0\right\}$。

如果对于给定的 $C_0>0$，当 $C<C_0$ 时，则模型为均方差比合格模型；若对给定的 $P_0>0$，当 $P>P_0$ 时，则模型为小残差概率合格模型。表 8-1 为精度检验对照表。

表8-1　精度检验参照表

小误差概率 P	均方差比值 C	模型精度等级
$P>0.95$	$C<0.35$	1 级（优）
$P>0.80$	$C<0.50$	2 级（合格）
$P>0.70$	$C<0.65$	3 级（勉强）
$P<0.60$	$C>0.65$	4 级（不合格）

指标 C 越小越好，C 越小表示 S_1 大而 S_2 小。S_1 大表示原始数据方差大，即原始数据离散程度大；S_2 小表示残差方差小，即残差离散程度小；C 小表明尽管原始数据离散程度大，而根据模型计算的值与实际值之差不大。指标 P 越大越好，P 越大，表示残差与残差平均值之差小于给定值 0.6745 的点多，即拟合值或预测值比较均匀。

3. 关联度检验

根据关联度计算方法计算出 $\hat{x}^{(0)}(i)$ 与原始序列 $x^{(0)}(i)$ 的关联系数，然后算出关联度，根据经验，关联度大于 0.6 便是满意的。

如果在允许的范围内相对残差、关联度、后验差检验均满足要求，则可以用所建的模型进行预测，否则需要对模型进行残差修正。

第三节　随机性决策分析方法

在日常的生活或经营管理中，我们都会遇到判断和选择的问题，实际上这些都是决策问题。在有些决策问题中，与问题有关的事实或因素都是确切知道的，称为确定型决策。但是有些问题，比如在天气晴雨不定的情况下，人们出门是否要带伞，在市场需求难于预测的情况下，工厂是否要安排某种产品的生产，生产多少等，这类问题称为随机型决策问题。

一、基本概念

（一）主观概率

许多决策问题的概率不能通过随机试验去确定，那就只能由决策人根据他们自己的经验和过去的信息去估计。这样估计的概率反映了决策人依据对事件掌握的知识所建立起来的信念，称为主观概率，以区别于通过随机试验所确定的客观概率。

主观概率与客观概率虽有本质区别，但在定义概率方面却有相同之处。它们都必须遵循若干公认的假设（或称公理系统），然后从这些假设出发，利用逻辑推理的方法导出更复杂的不确定事件的规律。主观或客观概率的这些基本假设如下：

（1）设 Ω 为一非空集合，集中的元素可以是某种试验或观察的结果，也可以是自然的状态。将这些元素记作抽象的点 ω，因而有 $\Omega=\{\omega\}$。

（2）设 F 是 Ω 中的一些子集 A 所构成的集合，F 满足下列条件：

①$\Omega\in F$；

②如果 $A\in F$，则 $\overline{A}=\Omega\setminus A\in F$；

③如果可列多个 $A_n\in F,n=1,2,\cdots$，则它们的并集 $\bigcup\limits_{n=1}^{\infty}A_n\in F$。

（3）设 $P(A)(A\in F)$ 是定义在 F 上的实值集函数，如果它满足下列条件，就称其为 F 上的（主观或客观）概率测度，或简称概率，这些条件是

①对于每个 $A\in F$，有 $0\leqslant P(A)\leqslant 1$；

② $P(\Omega)=1$；

③如果可列多个 $A_n\in F(n=1,2,\cdots)$，$A_i\cap A_j=\varnothing(i\neq j)$，则

$$P\left(\bigcup_{n=1}^{\infty}A_n\right)=\sum_{n=1}^{\infty}P\left(A_n\right) \tag{8-78}$$

这里称点 ω 为基本事件，F 中的集 A 称为事件，F 是全体事件的集合，$P(A)$ 称为事件 A 的（主观或客观）概率，三元总体 (Ω,F,P) 称为（主观或客观）概率空间。

（二）效用函数

在随机决策问题中，由于状态的不确定性会导致后果的不确定性，所以在研究后果的效用时要充分考虑后果的不确定性。

在某个决策问题中，设 $C_1,C_2,\cdots,C_n$ 表示决策人选择某一行动时的全部 n 个可能的后果，后果 C_i 发生的概率是 $p_i(i=1,2,\cdots,n)$，且 $\sum\limits_{i=1}^{n}p_i=1$，用 P 表示所有后果的概率分布，并记 $P=\left(p_1,C_1;p_2,C_2;\cdots;p_n,C_n\right)$，则称 P 为展望。设 Ψ

为所有展望构成的集合，可以验证 Ψ 有如下的性质：

（1）关于线性组合 Ψ 是封闭的，即如果 $P_1,P_2\in\Psi$，而且 $0\leqslant\lambda\leqslant1$，则有

$$\lambda P_1+(1-\lambda)P_2\in\Psi \tag{8-79}$$

（2）所有退化的概率分布属于 Ψ。

我们现在研究集 Ψ 中各元素之间的优先关系，这种优先关系反映了决策人对决策问题的各种结果的爱好程度。任意 $P_1,P_2\in\Psi$ 两个展望，都存在一定的优先关系，即对于决策人可以认为 P_1 优于 P_2，或 P_1 与 P_2 无差异，或 P_1 不优于 P_2 三种情况，将这三种关系分别记为 $P_1>P_2,P_1\sim P_2$ 和 $P_2\geqslant P_1$。

在 Ψ 上的效用函数是定义在 Ψ 上的实值函数 $u(P)$，且满足条件

（1）它和在 Ψ 上的优先关系一致，即如果对于所有 P_1，$P_2\in\Psi$，有 $P_1\geqslant P_2$，当且仅当 $u(P_1)\geqslant u(P_2)$；

（2）它在 Ψ 上是线性的，即如果 $P_1,P_2\in\Psi$，而且 $0\leqslant\lambda\leqslant1$，则

$$u\left[\lambda P_1+(1-\lambda)P_2\right]=\lambda u(P_1)+(1-\lambda)u(P_2) \tag{8-80}$$

那么称 $u(P)$ 是定义在展望 Ψ 上的效用函数。

把上述定义推广到一般情况，函数 u 的线性可表示为，如果 $P_i\in\Psi$，而且

$$\lambda_i\geqslant0,\quad i=1,2,\cdots,m,\quad \sum_{i=1}^{m}\lambda_i=1 \tag{8-81}$$

则

$$u\left(\sum_{i=1}^{m}\lambda_iP_i\right)=\sum_{i=1}^{m}\lambda_iu(P_i) \tag{8-82}$$

由于 $P=(p_1,C_1;p_2,C_2;\cdots;p_n,C_n)$，故 $u(P)=u(p_1,C_1;p_2,C_2;\cdots p_n,C_n)$。我们把 P 分解成 $p_1,p_2,\cdots,p_n$ 的和，而 $p_1,p_2,\cdots,p_n$ 分别为 $(1,C_1;0,C_2;\cdots;0,C_n),(0,C_1;1$，$C_2;\cdots;0,C_n),\cdots,(0,C_1;0,C_2;\cdots;1,C_n)$。由效用函数在 Ψ 上的线性性质可知，$u(P)$ 可表示为

$$\begin{aligned}u(P)&=u\left(\sum_{i=1}^{n}p_iP_i\right)=\sum_{i=1}^{m}p_iu(P_i)\\&=\sum_{i=1}^{n}p_iu(0,C_1,\cdots;0,C_{i-1};1,C_i;0,C_{i+1};\cdots;0,C_n)\\&=\sum_{i=1}^{n}p_iu(C_i)\end{aligned} \tag{8-83}$$

上式中 $u(C_i)$ 为 $u(1,C_i),i=1,2,\cdots,m$，即以概率 1 选择结果 C_i 的效用。P 的效用 $u(P)$ 就是以概率 p_1 选择结果 C_1，以 p_2 选择结果 C_2，…，以概率 p_n 选择结果 C_n 的期望效用。因此，如果效用 u 存在，而且它和决策人对 Ψ 中各 u 安速达偏好关系一致，即当 $P_1 \geqslant P_2$，则 $u(P_1) \geqslant u(P_2)$，决策人必将选择一行动结果的期望效用极大。例如，带伞问题，我们设定四种结果，即不带雨伞不遇雨，不带伞遇雨，带伞不遇雨，带伞遇雨，它们的效用分别是 $u(C_1),u(C_2),u(C_3)$ 和 $u(C_4)$。设下雨的概率为 p，则不带伞和带伞的两种期望效用将分别为 $(1-p)u(C_1)+pu(C_2)$ 和 $(1-p)u(C_3)+pu(C_4)$，当然人们会选择期望效用大的那种行动。

二、效用函数理论

（一）效用与风险的关系

实际问题中，在涉及经济效益决策时，往往是收益和风险并存，不同决策者对待风险的不同态度，一般可分为厌恶型、中立型和喜好型。

中间型效用的决策者，他认为他的收入金额的增长与效用值的增长成等比关系；厌恶型效用的决策者，他认为损失金额越多他越敏感，相反地对收入的增长比较迟钝，即他不愿意承受损失的风险；喜好型效用的决策者，他认为他对损失金额比较迟钝，相反地对收入的增长比较敏感，即他可以承受损失的风险。这三种不同的态度反映在效用函数上就是凹（上凸）函数、线性函数和凸（下凸）函数（图 8-1）。

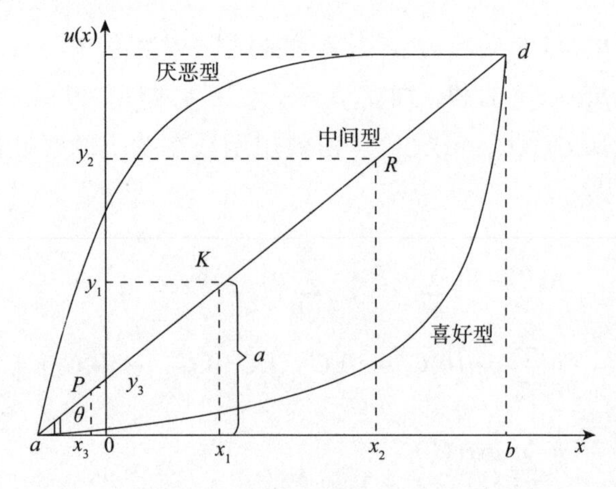

图 8-1　不同决策者的效用曲线

（二）损失函数

损失函数是定量表述决策的损失程度的函数。记损失函数为 $i(x, a)$，它表示一个决策问题状态为 x，决策的结果为 a，两者不一致所带来的一定的损失，这种损失是一个随机变量。损失函数为非负，决策函数的值越大，表示决策结果越差，反之表示决策结果越好。由此可以用效用函数来定义损失函数，即令

$$l(x,a)=-u(x,a) \tag{8-84}$$

在效用理论中，我们说明了期望效用能够合理地表示在风险情况下决策人的偏好，因此期望损失也必然是决策人在风险情况下遭受损失的一个正确测度。

第四节　多目标决策

在生产、经济、科学和工程活动中，经常遇到需要对多个目标的方案、计划、设计进行好坏的判断，这些目标有的相互联系，有的相互制约，有的相互矛盾，因而使得决策问题变得非常复杂，只有对各种因素的指标进行综合衡量后，才能做出合理的决策。

一、多目标决策问题的数学模型

设 X 是方案集，它是决策变量 $x=\left(x_1,x_2,\cdots,x_n\right)$ 的集合，$f_1(x),f_2(x),\cdots,f_m(x)$ 表示 m 个目标函数，假设决策变量 x 的所有约束都能用不等式表示出来，即

$$g_i(x)\leqslant 0,\quad i=1,2,\cdots,s, \tag{8-85}$$

其中 $g_i(x)$ 为决策变量 x 的实值函数，则决策空间的可行域可以表示为

$$X=\left\{x\ \ g_i(x)\leqslant 0, x\in \mathbf{R}^n, i=1,2,\cdots,s\right\} \tag{8-86}$$

如果这些目标都要求最大（或最小），则多目标决策问题的数学模型的表达式可以表示为

$$\max_{x\in X} F(x) \tag{8-87}$$

或

$$\min_{x\in X} F(x) \tag{8-88}$$

其中 $F(x)=\left[f_1(x),f_2(x),\cdots,f_m(x)\right]$ 为目标向量，在下面的讨论中我们假设要求目标最大。

二、基本概念

（一）劣解、非劣解和最优解

劣解：如某方案的各目标均劣于其他目标，则该方案可以直接舍去。这种通过比较可直接舍弃的方案称为劣解。

非劣解：设 $x^* \in X$（X 为可行域），若不存在 $x \in X$，使 $f_i(x) \geqslant f_i\left(x^*\right)$，则称 x^* 为多目标决策（优化）问题的非劣解，又称有效解或帕雷托最优解。多目标决策优化问题得到的可能只是非劣解，而非劣解往往不止一个，需要在多个非劣解中找出一个最优解。

最优解：满足

$$\begin{cases} f_i\left(x^*\right) \geqslant f_i(x), \quad i=1,2,\cdots,m \\ x^* \in X \end{cases} \tag{8-89}$$

的 x^*，称为最优解。

（二）选好解

在处理多目标决策时，先找最优解。若无最优解，就尽力在各待选方案中找出非劣解，然后权衡非劣解，从中找出一个比较满意的方案。这个比较满意的方案就称为选好解。

三、决策方法

本部分主要介绍化多目标为单目标的方法和分层序列法等方法。

（一）化多目标为单目标的方法

要求若干个目标同时实现最优往往比较困难，而单目标决策问题又较易求解，因此可以考虑将多目标问题转换成容易求解的单目标或双目标问题，下面介绍几种较为常见的方法。

1. 数学规划法

设有 m 个目标 $f_1(x),f_2(x),\cdots,f_m(x)$，其中决策变量 $x \in X$（约束集合），若

以某个目标为主要目标，不妨设为$f_1(x)$，并要求其为最优（最大），对于其他目标只要使其处于一定的数值范围内即可，如

$$f_i^{'} \leqslant f_i(x) \leqslant f_i^{''},\quad i=2,3,\cdots,m \tag{8-90}$$

这样问题可转化为下述非线性规划问题：

$$\begin{cases} \max\limits_{x\in X'} f_1(x) \\ X' = \left\{x \;\; f_i^{'} \leqslant f_i(x) \leqslant f_i^{''}, i=2,3,\cdots,m; x\in X\right\} \end{cases} \tag{8-91}$$

2. 线性加权法

根据各个目标$f_i(x)$的重要程度给予相应的权数$\lambda_i (i=1,2,\cdots,m)$，然后用各个目标$f_i(x)$分别乘以它们各自的权数$\lambda_i$，再相加即构成统一目标函数，即评价函数为

$$\begin{cases} \max\limits_{x\in X} \sum\limits_{i=1}^{m} \lambda_i f_i(x) \\ \sum\limits_{i=1}^{m} \lambda_i = 1, \lambda_i \geqslant 0 \end{cases} \tag{8-92}$$

加权因子的大小代表相应目标函数在优化模型中的重要程度，目标越重要，加权因子越大。在和形式的新目标函数中，其中所有目标必须具有相同的量纲，否则，必须先统一量纲或无量纲化处理，然后再用线性加权法计算新的目标函数值并进行比较。无量纲化常用的处理的方法是

$$f_i(x) = \frac{f_i^{'}(x)}{\min_{x\in X} f_i^{'}(x)} \tag{8-93}$$

其中$f_i^{'}(x)$是多目标问题中某个带量纲的子目标；$f_i(x)$是作了无量纲处理后的第i个子目标函数。

3. 理想点法

其基本思想是在理想点法的基础上引入权重因子来构造评价函数。设有m个目标$f_i(x)$，现要求各方案的目标值$f_1(x), f_2(x), \cdots, f_m(x)$与固定的$m$个$f_1^*$，$f_2^*, \cdots, f_m^*$相差尽可能小，若对其中不同值的相差又可不完全一样，即有的要求重一些，有的要求轻一些，这时可以采用下述的评价函数：

$$\begin{cases} \min_x \sum\limits_{i=1}^{m} \left(f_i(x) - f_i^*\right)^2 \\ X = \left\{x \;\; g_i(x) \leqslant 0, x\in \mathbf{R}^n, i=1,2,\cdots,s\right\} \end{cases} \tag{8-94}$$

4. 平方和加权法

其基本思想是在理想点法的基础上引入权重因子来构造评价函数。设有 m 个目标 $f_i(x)$，现要求各方案的目标值 $f_1(x), f_2(x), \cdots, f_m(x)$ 与规定的 m 个 $f_1^*, f_2^*, \cdots, f_m^*$ 相差尽可能小，若其中不同值的相差又可不完全一样，即有的要求重一些，有的要求轻一些，这时可以采用下述的评价函数：

$$\begin{cases} \min_x \sum_{i=1}^{m} \lambda_i \left(f_i(x) - f_i^* \right)^2 \\ X = \left\{ x \ \ g_i(x) \leqslant 0, x \in \mathbf{R}^n, i = 1, 2, \cdots, s \right\} \\ \sum_{i=1}^{m} \lambda_i = 1, \lambda_i \geqslant 0 \end{cases} \tag{8-95}$$

其中 λ_i 可按照要求相差程度给出。

5. 乘除法

当在 m 个目标 $f_1(x), f_2(x), \cdots, f_m(x)$ 中，不妨设目标 $f_1(x), f_2(x), \cdots, f_k(x)$ 的值要求实现最小，其余的目标 $f_{k+1}(x), f_{k+2}(x), \cdots, f_m(x)$ 要求实现最大，并假定

$$f_{k+1}(x) > 0, f_{k+2}(x) > 0, \cdots, f_m(x) > 0 \tag{8-96}$$

这时可采用评价函数

$$\min_x \frac{f_1(x) \cdot f_2(x) \cdots f_k(x)}{f_{k+1}(x) \cdot f_{k+2}(x) \cdots f_m(x)} \tag{8-97}$$

（二）分层序列法

分层序列法的思想是把目标按其重要性重新排序，将重要的目标排在前面。不妨设给出的重要性序列为 $f_1(x) f_1(x), f_2(x), \cdots, f_m(x)$，首先对第一个目标函数 $f_1(x)$ 求最优，并找出所有最优解集合记为 R_1，得最优值

$$f_1^* = \max_{x \in X} f_1(x) \tag{8-98}$$

然后在集合 R_1 中求第二个目标函数 $f_2(x)$ 的最优解，也就是将第一个目标函数转化为辅助约束，即求

$$\begin{cases} \max f_3(x) \\ x \in R_2 \subset \left\{ x \ \ f_i(x) \geqslant f_i^* \right\}, i = 1, 2 \end{cases} \tag{8-99}$$

的最优值，记为 f_3^*，此时的最优解集合记为 R_3。以此类推，最后求第 m 个目

标函数$f_m(x)$的最优值，即

$$\begin{cases}\max f_m(x)\\ x\in R_{m-1}\subset\left\{x\ f_i(x)\geqslant f_i^*\right\},i=1,2,\cdots,m-1\end{cases}\tag{8-100}$$

四、层次分析法

在现实世界中，往往会遇到决策的问题，比如选择一个旅游景点时，你可以从宁波、普陀山、浙西大峡谷、雁荡山和楠溪江中选择一个作为自己的旅游目的地，在进行选择时，你所考虑的因素有旅游的费用、旅游地的景色、景点的居住条件和饮食状况，以及交通状况等。这些因素是相互制约、相互影响的。我们将这样的复杂系统称为一个决策系统。这些决策系统中很多因素之间的比较往往无法用定量的方式描述，此时需要将半定性、半定量的问题转化为定量计算问题。层次分析法是解决这类问题的行之有效的方法。层次分析法（AHP）根据问题的性质和要达到的总目标，将问题分解为不同的组成因素，并按照因素间的相互关联影响以及隶属关系将不同因素按不同层次聚集组合，形成一个多层次的分析结构模型，从而最终使问题归结为最低层相对于最高层（总目标）的相对重要权值的确定或相对优劣次序的排定。

（一）建立系统的层次结构图

要先把问题条理化、层次化，构造出一个有层次的结构模型。用层次分析法分析的系统，其层次结构一般可以分成最高层（目标层）、准则层（中间层）和最底层（方案层）。目标层为决策的目的、要解决的问题；准则层包含为实现目标所涉及的中间环节，它可以由若干个层次组成，包括所需考虑的准则、子准则；方案层是为实现目标而决策时的备选方案。

层次结构往往用结构图形式表示（图 8-2），所谓层次结构图就是把与问题有关的各种因素层次化，然后构造出一个树状结构的层次结构模型。

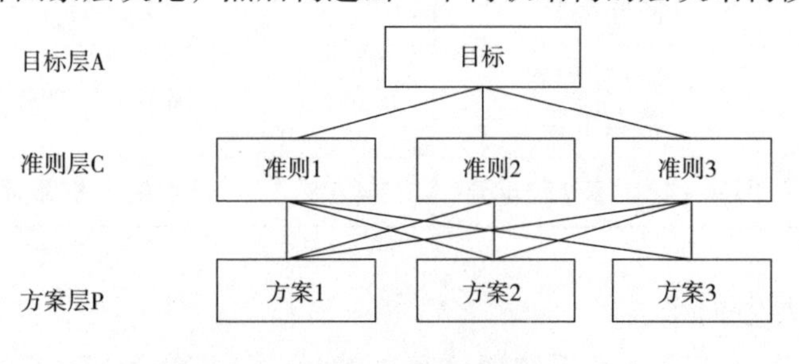

图 8-2　层次结构图

（二）成对比较判断矩阵

在确定了比较准则以及备选的方案后，需要比较若干个因素对同一目标的影响，从而确定它们在目标中占的比重。

1. 成对判断矩阵的构造

构造比较矩阵主要是通过比较同一层次的各个因素对上一层相关因素的影响作用，即将同一层的各个因素进行两两对比。

假设要比较某一层 n 个因素 $C_1,C_2,\cdots,C_n$ 对上层因素 O 的影响，每次取两个因素 C_i 和 C_j，用 a_{ij} 表示 C_i 和 C_j 对因素 O 影响之比。假设因素 $C_1,C_2,\cdots,C_n$ 的权重分别为 $w_1,w_1,\cdots,w_n$，即 $\boldsymbol{W}=\left(w_1,w_2,\cdots,w_n\right)^{\mathrm{T}}$，则 $a_{ij}=\dfrac{w_i}{w_j}$。矩阵

$$\boldsymbol{A}=\begin{bmatrix} a_{11} & a_{12} & \cdots & a_{1n} \\ a_{21} & a_{22} & \cdots & a_{2n} \\ \vdots & \vdots & & \vdots \\ a_{n1} & a_{n2} & \cdots & a_{nn} \end{bmatrix} \tag{8-101}$$

称为成对判断矩阵。

2. 判断尺度

为了较客观地反映出一对因子影响力的差别，尽可能减少性质不同的诸因素相互比较的困难，引入判断尺度的概念。判断矩阵中的元素 a_{ij} 表示两个要素的相对重要性的数量尺度，称为判断尺度，其取值由 Saaty 提出的 1–9 标度法决定（表 8–2）。

表8–2　判断尺度的取值

判断尺度	定　义	判断尺度	定　义
1	因素 i 和因素 j 同样重要	7	因素 i 比因素 j 重要得多
3	因素 i 比因素 j 稍微重要	9	因素 i 和因素 j 绝对重要
5	因素 i 比因素 j 较重要	2,4,6,8	介于两个相邻判断尺度之间

3. 相对权重向量

利用层次分析法进行系统评价和决策时，需要知道因素 C_i 对于上层因素

O 的相对重要程度，即 C_i 关于 O 的权重，于是问题转化为已知

$$A=\left(a_{ij}\right)_{n\times n}=\left[w_i/w_j\right]_{n\times n}=\begin{bmatrix} w_1/w_1 & w_1/w_2 & \cdots & w_1/w_n \\ w_2/w_1 & w_2/w_n & \cdots & w_2/w_n \\ \vdots & \vdots & & \vdots \\ w_n/w_1 & w_n/w_2 & \cdots & w_n/w_n \end{bmatrix} \tag{8-102}$$

求 $\boldsymbol{W}=\left(w_1,w_2,\cdots,w_n\right)^{\mathrm{T}}$。

因为

$$\begin{bmatrix} w_1/w_1 & w_1/w_2 & \cdots & w_1/w_n \\ w_2/w_1 & w_2/w_2 & \cdots & w_2/w_n \\ \vdots & \vdots & & \vdots \\ w_n/w_1 & w_n/w_2 & \cdots & w_n/w_n \end{bmatrix}\begin{bmatrix} w_1 \\ w_2 \\ \vdots \\ w_n \end{bmatrix}=n\begin{bmatrix} w_1 \\ w_2 \\ \vdots \\ w_n \end{bmatrix} \tag{8-103}$$

所以知 $\boldsymbol{W}$ 是矩阵 $\boldsymbol{A}$ 的特征值 n 所对应的特征向量。

当矩阵 $\boldsymbol{A}$ 中的元素 a_{ij} 满足

$$(i)a_{ij}>0;(ii)a_{ij}=1/a_{ji}(i,j=1,2,\cdots,n)\quad a_{ii}=1 \tag{8-104}$$

时，则称 $\boldsymbol{A}$ 为正互反矩阵。

一般地，如果一个正互反矩阵 $\boldsymbol{A}$ 满足

$$a_{ij}\cdot a_{jk}=a_{ik},\quad i,j,k=1,2,\cdots,n \tag{8-105}$$

则称 $\boldsymbol{A}$ 为一致性矩阵，简称一致阵。可以证明 n 阶一致阵 $\boldsymbol{A}$ 有如下的性质：

（1）$\boldsymbol{A}$ 的秩为 1,$\boldsymbol{A}$ 的唯一非零特征值 $\lambda_{\max}=n,\sum_{i=1}^{n}\lambda_i=\sum_{i=1}^{n}a_{ii}=n$；

（2）$\boldsymbol{A}$ 的最大特征根 $\lambda_{\max}=n$，其余特征根为 0。

（3）$\boldsymbol{A}$ 任一列向量都是对应于特征根 n 的特征向量。

由于判断矩阵 $\boldsymbol{A}$ 的最大特征值所对应的特征向量即为 $\boldsymbol{W}$，所以，可以先求出判断矩阵的最大特征值所对应的特征向量，再经过归一化处理，即可求出权重向量。其求法如下：

（1）利用计算方法中的幂法迭代算法。

（2）方根法 (几何均值法)：先将 $\boldsymbol{A}$ 的各行 (列) 求几何平均值，即

$$w_i=\left(\prod_{j=1}^{n}a_{ij}\right)^{\frac{1}{n}},\quad i=1,2,\cdots,n \tag{8-106}$$

然后对 $\boldsymbol{W}=\left(w_1,w_2,\cdots,w_n\right)^{\mathrm{T}}$ 进行归一化处理，即计算

$$w_i^{(0)}=\frac{w_i}{\sum_{j=1}^{n}w_j} \tag{8-107}$$

再计算判断矩阵的最大特征值 $\lambda_{\max}=\sum_{i=1}\frac{(AW)_i}{nw_i}$，其中 $(AW)_i$ 表示向量的第 i 个元素。

（3）和法：将判断矩阵 n 个列向量归一化的算术平均值近似作为权重，即

$$w_i=\frac{1}{n}\sum_{j=1}^{n}\frac{a_{ij}}{\sum_{k=1}^{n}a_{kj}}\quad(i=1,2,\cdots,n) \tag{8-108}$$

参考文献

[1] 化存才 . 数学建模应用与实践 [M]. 昆明：云南科技出版社，2008.
[2] 杨桂元 . 数学建模 [M]. 上海：上海财经大学出版社，2015.
[3] 周永正，詹棠森 . 数学建模 [M]. 上海：同济大学出版社，2010.
[4] 李佐锋 . 数学建模 [M]. 北京：中央广播电视大学出版社，2003.
[5] 卢晶 . 基于翻转课堂模式的数学建模案例教学实践 [J]. 大学 ,2022(11):75-78.
[6] 袁娟 . 基于数学建模素养视角的高中数学教材分析 [J]. 基础教育论坛，2022(11):91-92.
[7] 刘国庆，刘莉 . 高中学生数学建模素养提升的 3 个阶段探微 [J]. 数学教学研究，2022,41(2):63-67.
[8] 徐黄 . 用问题驱动数学建模素养落地——以人教版“立体几何”的教学为例 [J]. 数学教学通讯 ,2022(9):50-51.
[9] 陈建，王继利，孙小光 . 基于数学建模竞赛的科研与实践创新能力培养 [J]. 数学建模及其应用 ,2022,11(1):39-44.
[10] 凌浩 . 计算机技术在数学建模中的应用研究 [J]. 信息与电脑 (理论版),2022,34(4):19-21.
[11] 刘国庆，赵宝江 . 新课程背景下数学建模教学策略研究 [J]. 经济师 ,2022(2):188-189.
[12] 龚黎媛 . 数学建模思想融入高职数学教学的实践研究 [J]. 科技视界 ,2022(3):146-147.
[13] 张春华 . 文化浸润，融合共生——基于数学建模与数学文化的课堂教学策略研究 [J]. 试题与研究 ,2022(3):152-154.
[14] 罗毕壬 . 高中数学教学中数学建模素养的养成过程探析 [J]. 数学教学通讯，2021(36):55-56.
[15] 孟凡学 . 培养数学建模素养的教学研究——以消除“不会不问”的现象为例 [J]. 高中数学教与学 ,2021(24):1-3.
[16] 胡泌彤 ,LYNN HODGE, 董焕河 . 美国高中教师数学建模教学培训活动的分析与启示 [J]. 数学建模及其应用 ,2021,10(4):90-94.
[17] 张凯琪 . 人工智能算法在数学建模中的优化研究 [J]. 电声技术 ,2021,45(12):76-78.
[18] 郭亚莉 . 数学建模方法融入中学数学教学的调查与实践研究 [D]. 延安：延安大学，2021.

[19] 林小波．应用意识：数学建模的指向——对初中数学教学中数学建模的思考[J]. 数学教学通讯,2021(32):58-59.

[20] 李婧瑞．融入数学文化的课堂教学对初中生建模能力影响研究[D]. 重庆：西南大学，2021.

[21] 张翠芳．高校数学建模课程的教学策略分析[J]. 山西青年,2021(21):72-73.

[22] 赵欢．探析智能计算在数学建模中的价值[J]. 数学学习与研究,2021(31):5-7.

[23] 张青云．柔性空间闭链机器人非线性数学建模及智能控制算法研究[D]. 天津：天津理工大学,2021.

[24] 王燕．数学建模视域下的大学数学教学研究[J]. 数学学习与研究,2021(21):4-5.

[25] 孙明．曲面上流体表面活性剂系统的数学建模及算法研究[D]. 乌鲁木齐：新疆大学,2021.

[26] 吴小涛,周春燕,朱婧巍,等．基于数学建模竞赛的大学生创新能力培养研究[J]. 黄冈师范学院学报,2021,41(3):109-113.

[27] 李文成．悬臂式磁致伸缩振动收集系统的数学建模与部分参数优化[D]. 沈阳：沈阳工业大学,2021.

[28] 黄碧怡．基于数学建模的小学数学“乘法分配律”教学设计研究[D]. 扬州：扬州大学，2021.

[29] 刘易松．基于数学建模核心素养的高中“概率统计”教学研究[D]. 牡丹江：牡丹江师范学院,2021.

[30] 王梦欣．数学建模思想在概率统计学中的应用[J]. 数学学习与研究，2021(14):148-149.

[31] 姜巧霞．数学建模融入数学与应用数学专业实践教学体系的思考[J]. 山西青年，2021(9):161-162.

[32] 张宇红．探析高校数学教学改革中实施数学建模教育的措施[J]. 山西青年，2021(8):83-84.

[33] 宋丽丽．依据模糊综合评判数学模型建立综合评判体系——对高校学生综合素质与能力评判的研究[J]. 中国集体经济,2020(16):155-156.

[34] 焦雪．信息技术支持下的高中“数学建模”核心素养培养研究[D]. 银川：宁夏大学，2020.

[35] 颜世瑜．对高校数学建模教学模式的分析与解读[J]. 牡丹江大学学报，2019,28(6):134-136.

[36] 李小霞.基于应用型人才培养的高校学生数学应用能力培养模型研究[J].现代营销(经营版),2018(12):220.

[37] 李玮,吴根秀,杨金波.将数学建模思想融入数学类主干课程[J].科技资讯,2018,16(26):191-192,194.

[38] 王军.用数学建模教育活动推动高校数学教学改革[J].现代职业教育,2018(25):164-165.

[39] 李晓冬.试论高校数学建模教学方法[J].学园,2018(4):54,56.

[40] 王芬.基于金融数学模型视角的高校数学课程教学改革研究[J].教育现代化,2017,4(43):34-35+41.

[41] 赵刚.高校数学建模教学模式的探索与实践[J].山东工业技术,2017(1):240.

[42] 曾京京.高校数学教学中数学建模思想方法的研究[J].高教学刊,2016(10):92-93.

[43] 王丹.基于建模方法的高校数学教学策略研究[J].开封教育学院学报,2015,35(10):164-165.

[44] 马立军.论高校数学教育改革的新思路[J].课程教育研究,2015(26):129-130.

[45] 肖楠.浅谈高校数学教学中数学建模思想方法的研究[J].赤子(上中旬),2015(13):113.

[46] 夏冰心.浅论高校构建数学模型教学[J].中国校外教育,2014(21):77.

[47] 刘莹.建模思想在高校数学教学中的作用研究[J].技术与市场,2013,20(12):353.

[48] 刘阳.浅谈数学模型在医学高等院校的应用[J].数学学习与研究,2013(15):15.

[49] 纪秋颖,林健.高校生态位适宜度的数学模型及其应用[J].辽宁工程技术大学学报,2006(S1):260-262.